ここまでわかった! 宇宙の謎

銀河のしくみから超ひも理論まで

佐藤勝彦 監修／富永裕久 著

PHP 文庫

○本表紙図柄＝ロゼッタ・ストーン（大英博物館蔵）
○本表紙デザイン＋紋章＝上田晃郷

まえがき

宇宙──。誰でも子どものころに一度は興味を持ち、その壮大さや不思議さに驚き、さらにおそれにも似た感情を抱いた、それが宇宙ではないだろうか。しかし、大人になってなお、宇宙に関心を持ち続ける人は少ない。そもそも学問とは、現実の利益をもたらすものではないが、とりわけ宇宙論にはその傾向が強い。また、宇宙にロマンを感じはしても、数式が並ぶ書籍にうんざりして、関心を失う人も多いと思う。

ところで現在、宇宙の研究は実にエキサイティングな状況を迎えている。ハッブル望遠鏡による天体観測、WMAP《ダブリューマップ》衛星による宇宙の背景放射の観測などで、これまで検証のしようがなかった仮説が実証されたり否定されたりし始めたのだ。例えばインフレーション宇宙論がほぼ確実なものだということが観測によって明らかになり、そこから導き出される多宇宙（マルチバース）という概念も、俄然《がぜん》、現実味を帯びてきているのである。

また、知れば知るほど謎が増えるのは学問の常だが、宇宙論でもダークエネルギーなどの正体不明のものが続々と登場している。つまり、少し前まではSFの世界に属していたことが、科学の世界で語られるようになっているわけだ。数年前の宇宙論とは様変わりしているのである。そして、こんなエキサイティングな宇宙論を知らずにいるのは、はっきりいって、とてももったいないことだと思う。

さて、目次を見ていただければわかるとおり、本書は全3部5章で構成されている。知らずにいたのではもったいないと先ほど書いた、宇宙論のトピックスは第5章である。ふつう最もエキサイティングな事項は、巻頭に配す。これが書籍の常套《じょうとう》手段だが、いきなり最新宇宙論を解説するより、基本的な事項をまず押さえてからの方が、理解も早いし、面白みも増す。そう考えたからである。

もっとも、本書の巻頭にあたる第1部（第1章、第2章）も、第5章に負けず劣らず興味深い内容である。こちらは、時間軸と空間軸の双方から宇宙を見渡せる構成としている。

話は少し飛ぶが、そもそも「宇宙」という語は、漢代に書かれた『淮南子《えなんじ》』に見られる言葉で、そこには「天地四方これを宇といい、古往今来これを宙という」と記されている。つまり空間の広がりが「宇」であり、時間の広がりが「宙」だというわけである。

これに倣《なら》うわけではないが、第1部では「宙＝時間」で宇宙を切り取り、「宇＝空間」で宇宙を見渡してみた。第1章は宇宙の誕生に始まり、宇宙の膨張、物質やエネルギーの誕生、天体の誕生、そして生命の誕生と進化というふうに、時間の流れを追う構成である。一方、第2章では、宇宙の大構造である銀河団、銀河、太陽系、太陽系の惑星、地球と人類、分子や原子というように、マクロからミクロへと徐々にスケールを下げ、多層的な宇宙の姿を浮き彫りにした。

続く第2部では、宇宙論を知るための基礎といえる相対論（第3章）と、量子論（第4章）とを解説している。マクロ世界を扱う相対論とミクロ世界を扱う量子論が、宇宙論の車の両輪であり、これらを避けて宇宙論は語れないのである。ところで、相対論と量子論といえば難解であるというイメージをお持ちになるかも知れない。確かに数式を自由自在にあやつり、理論を深く理解するのは一朝一夕ではかなわない。しかし、その肝《きも》、核心部分を摑《つか》まえることはそれほど難しくはない。

最後になったが、本書はインフレーション宇宙論の創始者であり、宇宙論の権威である佐藤勝彦博士に監修をしていただいた。お忙しいなか、全体をチェックしていただき、適切な助言をいただけたことに、深く感謝します。

２００９年６月

富永裕久

ここまでわかった！ 宇宙の謎　目次

まえがき

第1部 見えてきた宇宙の姿——宇宙論概略編

第1章 宇宙137億年の歴史と未来

［宇宙開闢①］「無」のゆらぎから宇宙は生まれた——16
［宇宙開闢②］トンネルをくぐって飛びだした宇宙——19
［宇宙開闢③］プランク期から「インフレーション」へ——22
［宇宙開闢④］「真空のエネルギー」と「真空の相転移」——25
［宇宙開闢⑤］インフレーションがもたらしたもの——28
［ビッグバンと物質の誕生①］真空のエネルギーから、光と物質が生まれた——31
［ビッグバンと物質の誕生②］中性子と陽子の誕生——34
［ビッグバンと物質の誕生③］原子核の誕生と「宇宙の晴れ上がり」——37
［宇宙の進化と元素の合成①］銀河の誕生と、星が輝く理由——40
［宇宙の進化と元素の合成②］星の一生と元素の合成——43

[宇宙の進化と元素の合成③] 鉄からビスマスまでの長い道のり 46
[宇宙の進化と元素の合成④] 超新星爆発とr《ラピッド》プロセス 49
[地球と人類①] 我々の銀河系、太陽系の誕生 52
[地球と人類②] 地球と月の誕生 56
[地球と人類③] 「化学進化」と生命の誕生 59
[地球と人類④] 生物の進化と人類の誕生 62
[宇宙の未来①] 太陽の死と銀河系の合体 65
[宇宙の未来②] 「ビッグフリーズ」か「ビッグクランチ」か 68

第2章 大宇宙、銀河はこうなっている

[宇宙の構造と天体①] 宇宙の大構造、銀河群、銀河団 72
[宇宙の構造と天体②] 形によって銀河を分類する 75
[宇宙の構造と天体③] 夜空に輝く星の正体 78
[宇宙の構造と天体④] 重さによって変わってくる恒星の一生 81
[宇宙の構造と天体⑤] 中性子星の誕生と、その性質 84
[宇宙の構造と天体⑥] 暗黒の天体ブラックホール 87
[我々の銀河系と太陽系①] 我々の銀河系「天の川銀河」 90

［我々の銀河系と太陽系②］我々の太陽系の天体――93
［我々の銀河系と太陽系③］2400億気圧、1500万Kの核融合炉――96
［地球型惑星とその衛星①］太陽に最も近い第1惑星＝水星――99
［地球型惑星とその衛星②］鉛やスズも溶ける灼熱の第2惑星＝金星――102
［地球型惑星とその衛星③］生命と水をたたえた緑の第3惑星＝地球――105
［地球型惑星とその衛星④］地球が持つただ1つの衛星＝月――108
［地球型惑星とその衛星⑤］かつては水があった第4惑星＝火星――111
［木星型惑星とその衛星①］太陽系最大の第5惑星＝木星――114
［木星型惑星とその衛星②］個性豊かな4つのガリレオ衛星――117
［木星型惑星とその衛星③］太陽系の宝石と呼ばれる第6惑星＝土星――120
［木星型惑星とその衛星④］横倒しで自転する第7惑星＝天王星――123
［木星型惑星とその衛星⑤］太陽系最遠の第8惑星＝海王星――126
［太陽系の仲間たち①］EKBO＝冥王星、エリス――129
［太陽系の仲間たち②］無数に存在する小惑星と彗星――132
［マクロからミクロへ①］宇宙の大構造から、銀河、太陽系、そして人類へ――135
［マクロからミクロへ②］手のひらから細胞、DNA、分子、原子へ――138

第2部 相対性理論と量子論——基礎理論編

第3章 相対性理論が描く宇宙の姿

[相対性理論以前①] ガリレイの相対性原理——144
[相対性理論以前②] 絶対とは、相対とは、どういうことか——147
[相対性理論以前③] 古典物理学の二本の柱、力学と電磁気学——150
[相対性理論以前④] 光の謎に迫る——153
[特殊相対性理論①] 特殊相対性理論の2つの前提——156
[特殊相対性理論②] 絶対時間はなく、時間の流れは人それぞれ違う——159
[特殊相対性理論③] 光速に近づくと、時間も空間もゆがむ——162
[特殊相対性理論④] 巨大宇宙船のなかで宇宙船を飛ばしたらどうなるか——165
[特殊相対性理論⑤] エネルギーが質量に、質量がエネルギーに変わる——168
[一般相対性理論①] 重力と加速度は等しい価値を持つ——171
[一般相対性理論②] 等価原理を土台に理論を進める——174
[一般相対性理論③] 時間と空間と物質を統一的にとらえる——177

第4章　量子論が明かす自然の本性

［量子論の発端①］再び、光の謎に迫る――182
［量子論の発端②］プランクが考えた〝量子〟とは――185
［量子論の発端③］光電効果と、光の正体――188
［量子論の発端④］原子の構造を探る――191
［量子論の発端⑤］原子の構造をめぐる謎――194
［量子論の発端⑥］電子は粒子でもあり、波でもある――197
［量子論の核心に迫る①］電子の波には、どういう意味があるのか――200
［量子論の核心に迫る②］ダブルスリットの実験で見えてくる電子の姿――203
［量子論の核心に迫る③］人間には粒子の姿しか見せないのが電子――206
［量子論の核心に迫る④］コペンハーゲン解釈への反論――209
［量子論の核心に迫る⑤］世界は本質的にあいまい、不確かである――212
［量子論の核心に迫る⑥］量子論と相対性理論を融合する――215
［究極の素粒子を求めて①］電子の軌道は量子数によって決まる――218
［究極の素粒子を求めて②］〝物質をつくる粒子〟と〝力を伝える粒子〟――221
［究極の素粒子を求めて③］交換することで結合力が生まれる――224

［究極の素粒子を求めて④］バリオンとメソンはクォークからできている——227
［究極の素粒子を求めて⑤］クォークが持つ色の力の正体——230
［究極の素粒子を求めて⑥］宇宙を支配する4つの力——233
［究極の素粒子を求めて⑦］標準模型の完成——236

第3部 宇宙論の最先端——最新トピックス編

第5章 インフレーション宇宙論からマルチバース、M理論へ

［ビッグバン宇宙論①］アインシュタインの静止宇宙モデル——242
［ビッグバン宇宙論②］膨張宇宙モデルの誕生——245
［ビッグバン宇宙論③］ハッブルによる宇宙膨張の発見——248
［ビッグバン宇宙論④］ビッグバン宇宙論と定常宇宙論——251
［ビッグバン宇宙論⑤］ビッグバン宇宙論の成立——254
［インフレーション宇宙論①］ビッグバン宇宙論では解けない謎①——257
［インフレーション宇宙論②］ビッグバン宇宙論では解けない謎②——260
［インフレーション宇宙論③］様々な問題を解決したインフレーション宇宙論——263
［インフレーション宇宙論④］宇宙は我々の宇宙だけではない——266

［宇宙開闢を探る①］物理学は宇宙開闢を説明できるか 269
［宇宙開闢を探る②］虚数時間の導入で宇宙開闢が説明できる 272
［宇宙開闢を探る③］宇宙は生まれるべくして生まれた 275
［素粒子の世界の対称性①］対称性の破れとともに生まれた4つの力 278
［素粒子の世界の対称性②］フェルミオンとボソンにも対称性がある 281
［ダークマターとダークエネルギー①］宇宙にある暗黒物質 284
［ダークマターとダークエネルギー②］ダークマターを探せ 287
［ダークマターとダークエネルギー③］ダークエネルギーと宇宙の行方 290
［超ひも理論からM理論へ①］『ひも理論』から『超ひも理論』へ 293
［超ひも理論からM理論へ②］『超ひも理論』とは何か？ 296
［超ひも理論からM理論へ③］5つの超ひも理論を束ねる『M理論』 299
［超ひも理論からM理論へ④］M理論とブレーン宇宙 302
監修者あとがき――佐藤勝彦
索引

第1部

見えてきた宇宙の姿

宇宙論概略編

第1章

宇宙137億年の歴史と未来

最新の観測結果から、宇宙の誕生はいまから137億年前だと推定されている。では、いったい137億年前に、宇宙には何が起こったのか。また、誕生後の宇宙は、どのような変化を遂げてきたのだろうか。137億年にわたる宇宙の歴史を展望し、物質の誕生や、生命の誕生の秘密を探る。さらに、宇宙の未来には、どのような運命が待ち受けているのかを考えてみる。

宇宙開闢①

「無」のゆらぎから宇宙は生まれた

●宇宙は〝無もない「無」〟から始まった

その時、無もなかりき、有《う》もなかりき。空界もなかりき、そを蔽《おお》う天もなかりき……。インド最古の讃歌集『リグ・ヴェーダ』中の「宇宙開闢《かいびゃく》の歌」、その冒頭部分である。

現代の宇宙論が語る「宇宙の始原」もこれに似ている。物質やエネルギーはもちろん、時間や空間さえも存在しない。そんな「無」から宇宙は始まった。「空間や時間もない」というのだから、ここでいう「無」とは真空のことではない。あえていえば『リグ・ヴェーダ』が「無もなかりき」とした、〝無よりさらに一段上の「無」〟に相当する。

現代の宇宙論では、そんな「無」から宇宙が始まり、時間と空間、そしてエネルギーと物質が生まれたと考えられている。

ビレンケンの宇宙創生モデル

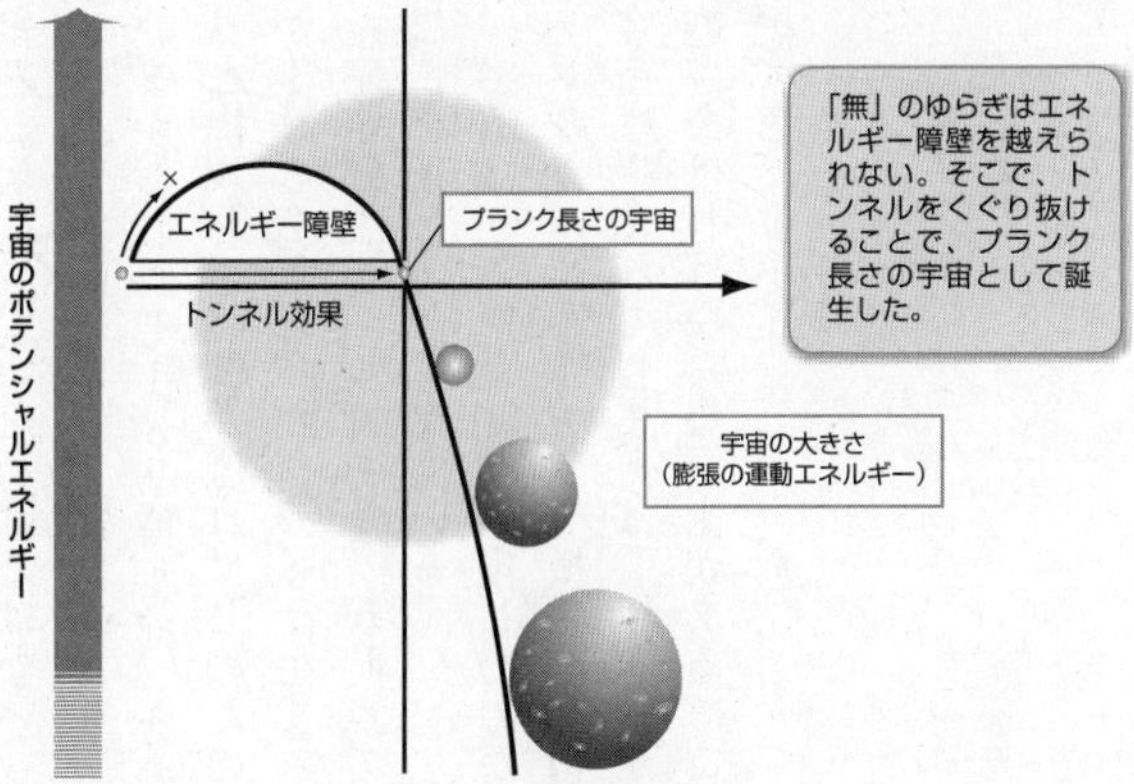

●137億年前、宇宙が突然飛び出した

では、どうして、そんな「無」から宇宙は誕生したのだろう。「無」のままで終わりというわけにはいかなかったのだろうか。

20世紀に発達した「量子論」によると非常に短い時間、ごくごくミクロの世界では、時間や空間、エネルギーは一定の値を取れないことがわかっている。つまり「無」の状態でも、時間やエネルギーなどの値が、そろってゼロというわけではなく、「ゆらぐ」のである。もっとも「無」のゆらぎは、我々がイメージする「3次元の空間と1次元の時間」という枠組みで起こっていたわけではない。時間と空間の区別もない世界で、超ミクロの宇宙が生まれては滅び、滅んでは生まれ、ゆらゆらと明滅していたのだ。ところが、いまからおよそ１３７億年前、そのゆらぎが突然、10^{-35}メートルの宇宙としてポロリと出現し、時間が流れはじめたのである。

これが１９８２年に、ウクライナ生まれの物理学者ビレンケン（１９４９〜）が、提唱した宇宙創生モデルである。現時点では未証明だが、多くの学者がかなりの確度で、これを正しいと考えている。

では、宇宙はどこからどう出現したのか。前ページの図を見て欲しい。縦軸が宇宙のポテンシャルエネルギー、横軸が宇宙の大きさを表す。22ページで説明するように、宇宙は生まれてしまえば、坂を転がるように膨張していく。しかし、それにはまず越さなければならない山がある。この山の正体と、山を越す方法とを次ページで解説する。

宇宙開闢②
トンネルをくぐって飛びだした宇宙

●宇宙は「トンネル効果」によって生まれ出た

前項では「突然、10^{-35}メートルの宇宙がポロリと出現した」と書いた。この10^{-35}メートルという大きさは〝プランク長さ（正確には1・6×10^{-35}メートル）〟と呼ばれるもので、空間が取りうる最小の大きさである。185ページでも解説するが、世界は本質的に不連続であり、空間はプランク長さより細かくは分けられない。だから、10^{-35}メートルの宇宙とは、存在可能な最小の宇宙なのだ。

よって宇宙は誕生時、ゼロからいきなり10^{-35}メートルの大きさにならなければならない。しかし、これは無理である。一度、10^{-35}メートルの大きさで生まれた宇宙は、その後、宇宙にもともと備わったポテンシャルエネルギーを運動エネルギーに変え、膨張していく。ところが、宇宙は10^{-35}メートルになるまでは存在が許されない。つまり、宇宙はポテンシャルエネルギーを持ちながら、さらにエネルギーをため込まなければならなくなる。17ページ図中の越さなければならない山は、その障

プランク長さとプランク時間

プランク長さやプランク時間は宇宙開闢時の指標であり物理的に意味のある最小の大きさや時間である。

これらは、G：重力定数、c：光速、$\hbar$：プランク定数を2πで割ったもの（186、214ページ参照）で表すことができる。

プランク長さ $l_p = \sqrt{\frac{\hbar G}{c^3}} ≒ 1.616 \times 10^{-35}$（m）

プランク時間 $t_p = \sqrt{\frac{\hbar G}{c^5}} ≒ 5.389 \times 10^{-44}$（秒）

また、プランク質量は $m_p = \sqrt{\frac{c\hbar}{G}} ≒ 2.176 \times 10^{-8}$（kg）となる

G：6.674×10^{-11}　m^3／kg・秒^2
c：2.998×10^{8}　m／秒
$\hbar$：1.055×10^{-34}　m^2・kg／秒

壁なのである。
ビレンケンは、宇宙がこの山をくぐり抜けて、出現したと考えた。ミクロの粒子は本来越えられないエネルギー障壁を通り抜けることができる。これを「トンネル効果」（216ページ参照）と呼ぶが、宇宙はまさにこの効果で生まれたのだ。

●わずか10^{-44}秒のプランク期

トンネル効果による宇宙誕生は、272ページで紹介する「虚数時間で始まる宇宙モデル」のヒントにもなった。実はトンネル効果を「虚数時間の流れのなかでの運動」とみなすことができるのだ。同説が正しければ、宇宙は虚数時間で始まり、その

後、実数時間の世界へ現れたことになる。

さて、この10^{-35}メートルの誕生したばかりの宇宙だが、ここにはまだ物質の姿はない。あるのは、生まれたての空間と、動き始めた実数時間だけである。

現代の宇宙論によると、誕生から10^{-44}秒たった宇宙に急激な変化が訪れる。宇宙は「インフレーション」と呼ばれる大膨張を始めるのだ。

ちなみに、この10^{-44}秒とは、時間を分割していったときの最小単位であり、〝プランク秒（正確には5・4×10^{-44}秒）〟と呼ばれる。また、誕生から10^{-44}秒までの宇宙はプランク期と呼ばれ、前述のとおり、宇宙は10^{-35}メートル（プランク長さ）程度の大きさだったと考えられている。

宇宙開闢③

プランク期から「インフレーション」へ

●猛烈な膨張「インフレーション」を起こす

誕生して10^{-44}秒後、プランク期の宇宙は、すぐさま猛烈な膨張「インフレーション」を起こす。

インフレーション理論では、空間は倍々ゲームで膨れあがり、わずか10^{-34}秒の間に10^{100}倍程度に膨張したと試算されている。

これがどのくらいのスケールなのかを、念のため確認しておく。10^{-34}とは1兆分の1の、1兆分の1の、さらに100億分の1である。つまり10^{-34}秒とは人間が認識できるような時間ではないわけだ。一方、10^{100}とは、1のあとに0が100個並ぶ数であり、100億を10回かけた大きさに相当する。

インフレーションで、宇宙がどれほど短時間に、どれほど大膨張したかがおわかりいただけただろうか。これは光速をはるかに超えるスピードである。なお、相対性理論では光速より速く運動するものはない（165ページ参照）としているが、空間の

坂を転がるボールと宇宙の誕生

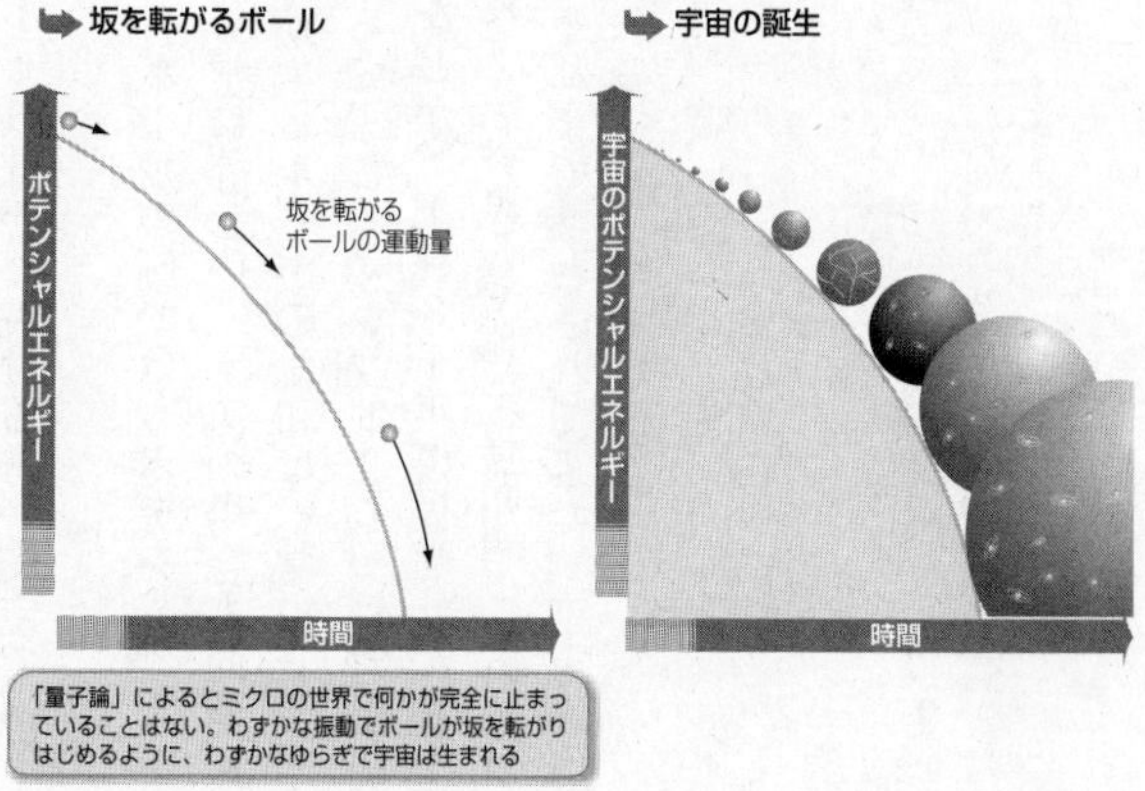

膨張はこの原理には抵触しない。

●坂道を転がるように宇宙は膨張した

上の図は、宇宙開闢時の「宇宙のポテンシャルエネルギー」と「宇宙の大きさ」とを、坂を転がるボールというモデルで表したものだ。モデルでは、ボールの置かれた高さが宇宙がもともと持っているポテンシャルエネルギーに、ボールの運動量が宇宙の大きさに相当する。

坂道のボールは、ポテンシャルエネルギーを失いながら転がり、運動エネルギーを増加させる。これに対して宇宙は、ポテンシャルエネルギーを失いながら、膨張していく。坂道のボールは転がり続ける方が安定であるように、宇宙は膨張する方が安定するのである。

また、ボールの例では、ポテンシャルエネルギーと運動エネルギーの和が、どの時刻でも常に等しい。宇宙の場合も同様に、宇宙のポテンシャルエネルギーと、膨張の運動エネルギーの総和は、常に一定である。

ところで、このインフレーション理論は、本書の監修者である佐藤勝彦（1945〜）などが、1981年に提唱したものである。これによって、宇宙の平坦性問題（257ページ参照）や地平線問題（258ページ参照）、モノポール問題（260ページ参照）など、それまで謎とされてきた、宇宙論の難問が解かれたのである。

宇宙開闢④

「真空のエネルギー」と「真空の相転移」

●インフレーションと「真空のエネルギー」

宇宙開闢後、まもなく起きたインフレーション。これを引き起こした源はいったい何だろうか。実をいうと、現在、これはまだ謎であり、はっきりした答えは出ていない。ただし、インフレーションが起こったこと自体は、観測事実からいってほぼ間違いなく、その原因にはさまざまな仮説が立てられている。

もっとも有力なのは、「真空のエネルギー」の働きである。21ページでも述べたように、プランク期の宇宙は、生まれたての空間と、動き始めた実数時間だけだった。しかし、そこは「真空のエネルギー」で満ちあふれていたというのだ。このエネルギーが空間を斥《しりぞ》けあい、宇宙を押し広げるのである。

さらに、この理論では、真空にはいくつかの状態があるとしている。例えば、水という物質は、水蒸気（気体）、水（液体）、氷（固体）と、熱を放出しながら状態を変える。この変化は相転移と呼ばれるが、真空もまた相転移を起こして状態を変え

水の相転移と真空の相転移

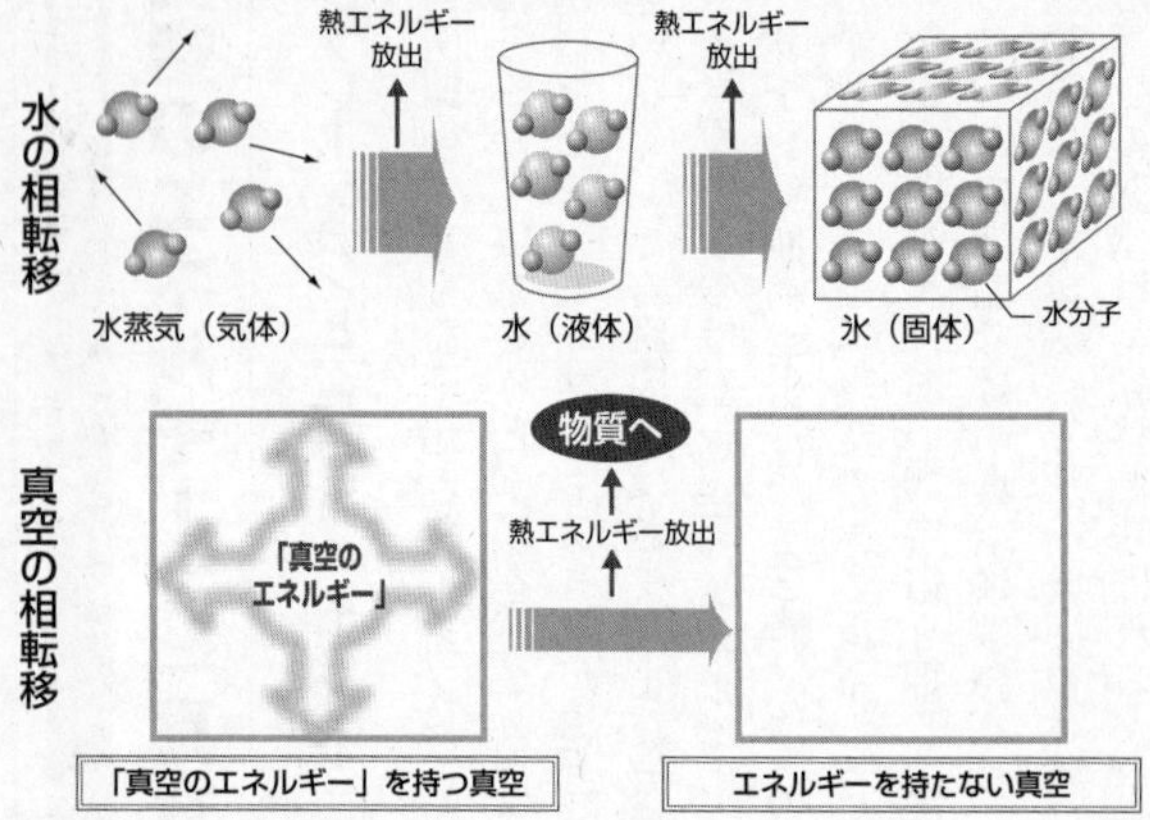

る。真空は相転移で、熱を出したり、宇宙の根本的な力（例えば重力、あるいは電気や磁石の力）の働き方を変えるのである。

●インフレーションから「ビッグバン」へ

宇宙誕生10^{-44}秒後、プランク期の終わりに「真空のエネルギー」によってインフレーションが始まる。そして、宇宙は最初の真空の相転移を起こす。それまで宇宙にあったのは〝原始の力〟ともいうべき統一された1つの力だけだった。ところが、相転移によって、真空は性質を変え、重力と〝大統一力〟（279ページの図参照）が枝分かれする。このとき宇宙は10^{32}K※と、超高温の世界である。そして、宇宙誕生10^{-34}秒後、インフレーションが終わる。急膨張によって宇宙は冷え、温度は10^{27}Kとなる。

そして、さらに真空は第2の相転移を起こす。重力と分かれた大統一力から、さらに〝強い力〟（232ページ参照）が枝分かれするのだ。また、相転移によって、真空の状態が変わることで、膨大な量の熱が解放される。この熱で宇宙は超高温の火の玉となる。これが「ビッグバン」である。

なお、ビッグバンという言葉には、宇宙開闢を指す広義の使い方もあるが、本書ではビッグバンを狭義――すなわちインフレーション後、真空の相転移によって生まれた熱による火の玉宇宙という意で使っている。

※K《ケルビン》は絶対温度の単位。0K＝－273.15℃にあたる。

宇宙開闢⑤

インフレーションがもたらしたもの

●真空が大量のエネルギーを生んだ理由

インフレーションを起こす原因となり、相転移によって宇宙を火の玉にした真空。この真空の性質を、もう少し詳しく見てみよう。

まず、相転移の仕方だが、水が相転移する際、過冷却という状態になるように、真空も過冷却の状態になるといわれる。水の凍る温度は0℃とされるが、急冷するとマイナス4℃くらいまでは水のままだ。真空もこれと同じように、温度が下がっても、すぐには相転移を起こさない。エネルギー状態が高い真空のままで、膨張するのである。

ところが「真空のエネルギー」には、我々のよく知る他のエネルギーとは、まったく違った特徴がある。空間を膨張させ、どんなに薄めても、エネルギー密度が変わらないのである。つまり膨張すると体積に比例してエネルギーが増加する。エネルギー密度が変わるのは、相転移によってのみである。

一次元宇宙でのインフレーションとビッグバン

インフレーションによって「真空のエネルギー」が倍々ゲームで増加する様子を一次元宇宙モデルで表した。相転移の完了で、インフレーションが終わり「真空のエネルギー」が熱や物質に変わる。

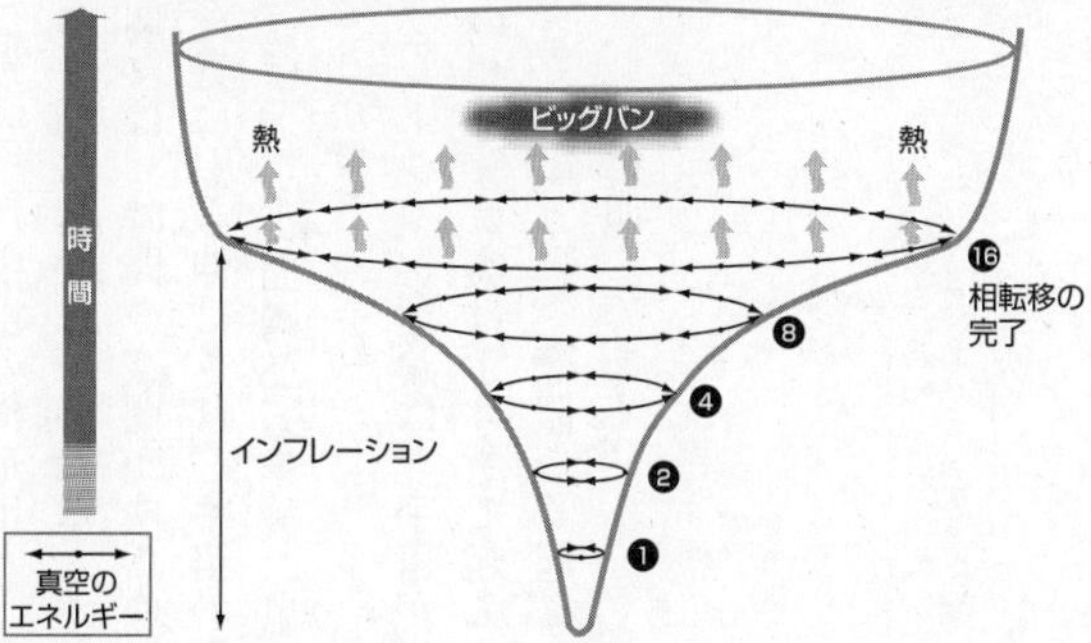

よって、過冷却の最中、真空のエネルギーは増え続ける。空間の大きさが10^{100}倍に伸びたなら、体積は10^{300}倍にもなる。つまり、エネルギーも10^{300}倍になるわけだ。この莫大なエネルギーが、現在の宇宙のすべてのエネルギーや物質の源なのである。

●宇宙の進化の方向を決定づけたインフレーション

真空が相転移し、インフレーションが終わると、宇宙はその後、71億年の間はゆっくりと広がり、現在の宇宙へと進化していく。第2章以降で解説する、ボイドや銀河といった、宇宙の構造ができあがっていくのである。

ところで、こういった宇宙の構造はどうしてできたのだろう。実は、そのタネはインフレーション期に蒔《ま》かれていたことがわかっている。プランク期からインフレーションの初期には、時間や空間がゆらゆらとゆらいでいた。これがインフレーションによって一気に引き伸ばされ、宇宙の構造をつくるタネとなったのである。なお、このゆらぎは、宇宙開闢38万年後の風景ともいえる宇宙の背景放射（254ページ参照）に見ることができる。

また、インフレーション理論は、宇宙が、我々の宇宙だけではないことを示唆している。真空の相転移は実は1カ所で起こったのではなく、お湯が沸騰するとたくさんの泡が沸き立つように、際限なく起こった可能性がある。これが『宇宙の多重発生理論』（268ページ参照）である。

ビッグバンと物質の誕生①

真空のエネルギーから、光と物質が生まれた

●真空の相転移によって生まれた粒子

ここまで、インフレーションを起こした源を「真空のエネルギー」としてきた。実はこの「真空のエネルギー」の実体を、「インフラトン」と呼ばれる仮想粒子としてとらえることもできる。

この考え方でいくと、真空の相転移の終了とは、インフラトンによってそれまで高いエネルギー状態を保っていた真空が、インフラトンの崩壊によって、低いエネルギー状態に変わったことだと、とらえ直すことができる。

真空の状態が変化することで、膨大な熱が解放され、宇宙が超高温の火の玉となることがビッグバンだと27ページで述べたが、これはインフラトンが崩壊して、別の粒子に変わったことだともいえる。そして、このときに生まれたのが、クォークやレプトンなど、現在、我々のまわりにある物質を形づくっている粒子なのである。

●同数生まれた粒子と反粒子

インフラトンの崩壊で生まれた粒子は、大きく2つの種類に分けられる。(正)粒子と反粒子である。

ビッグバン初期の宇宙には、同数の粒子と反粒子とが飛び交っていた。そして、粒子と反粒子が衝突を起こすと、両粒子が光へと変わる。これが「対消滅《ついしょうめつ》」である。逆に、一定以上のエネルギーを持つ光子《こうし》が出合うと、粒子と反粒子が同時に生まれる。こちらは「対生成《ついせいせい》」と呼ばれる。両粒子は常にペアで生まれ、ペアで消滅する。当然ながら、粒子と反粒子の数は常に同数であった。

●第3の相転移と質量の起源

宇宙開闢から10^{-11}秒たち、温度が10^{-15}Kへと下がったころ、真空は第3の相転移を起こす。第2の相転移で〝強い力〟と分かれた〝電弱力〟(234ページの図参照)が、さらに電磁気力と〝弱い力〟(233ページ参照)とに枝分かれしたのだ。

第3の相転移では、インフレーションは起こらなかったが、粒子を支配する法則は変化した。それまで光子と同じように質量を持たなかったクォークやレプトン、ウィークボソン(233ページ参照)などが質量を持つようになる。

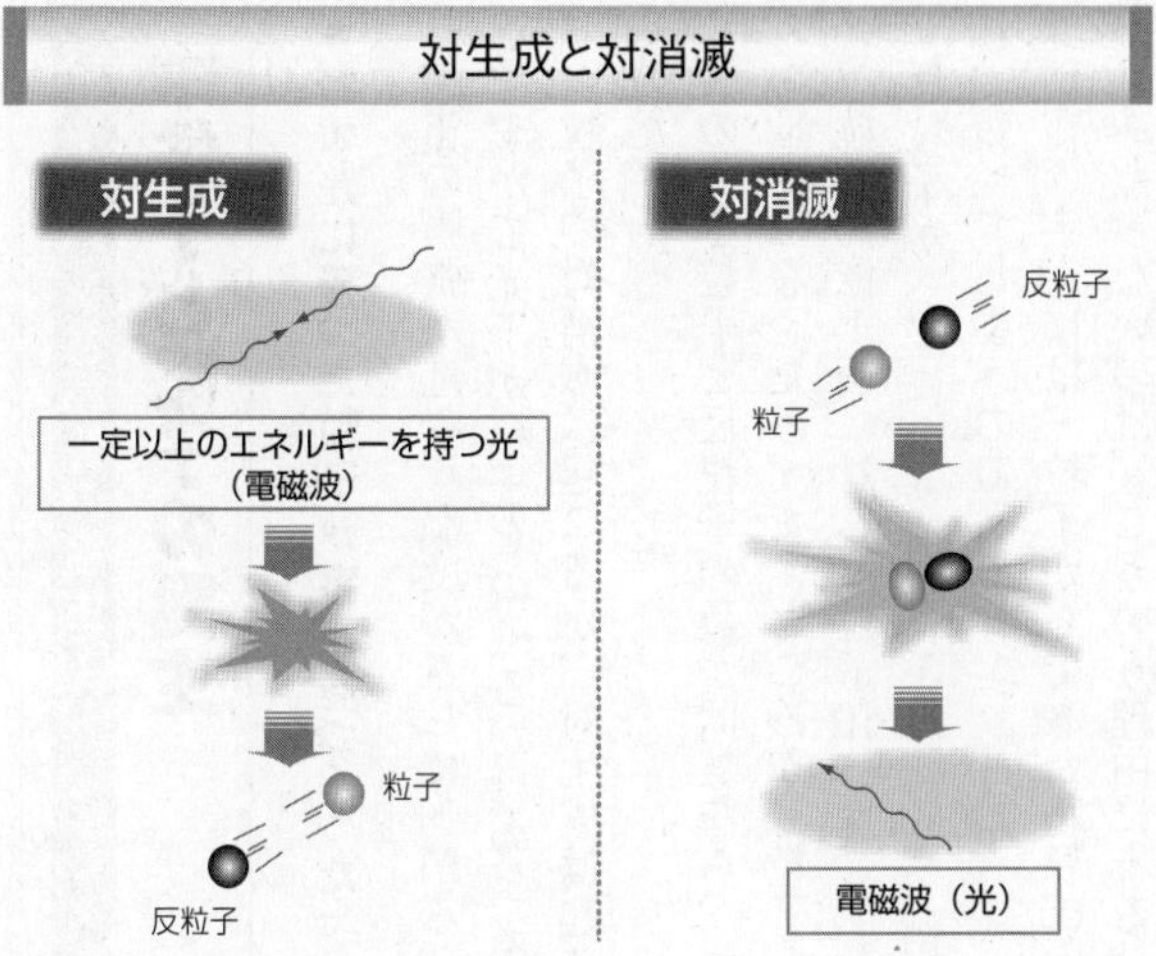

また、粒子と反粒子の振る舞いは対称ではないが、その起源も相転移に求められる。しかし、これらの詳しい機構はまだわかっていない。

ビッグバンと物質の誕生②

中性子と陽子の誕生

●わずかに残った粒子が宇宙をつくった

宇宙の膨張が進み、温度がさらに下がると、光子の持つエネルギーが徐々に減少し、やがて光子が粒子をつくるだけのエネルギーを持たなくなってしまう。つまり、粒子の対消滅は起こるが、対生成は起こらなくなり、粒子がどんどん減っていくのだ。

このとき粒子と反粒子の数が同数なら、すべての粒子が対消滅して、宇宙は光のみの世界となったはずだ。ところが、粒子と反粒子は崩壊する仕組みがわずかに違い、粒子10億1個に対し反粒子10億個と、数にかたよりができた。そのため、粒子と反粒子がペアになり消滅していくと、10億1個につき1個の粒子がペアにあぶれ、残ってしまうのである。

現在の宇宙には、粒子からできた物質ばかりが存在し、反粒子からできた反物質が見あたらないのは、こういう理由による。

クォークの閉じ込め

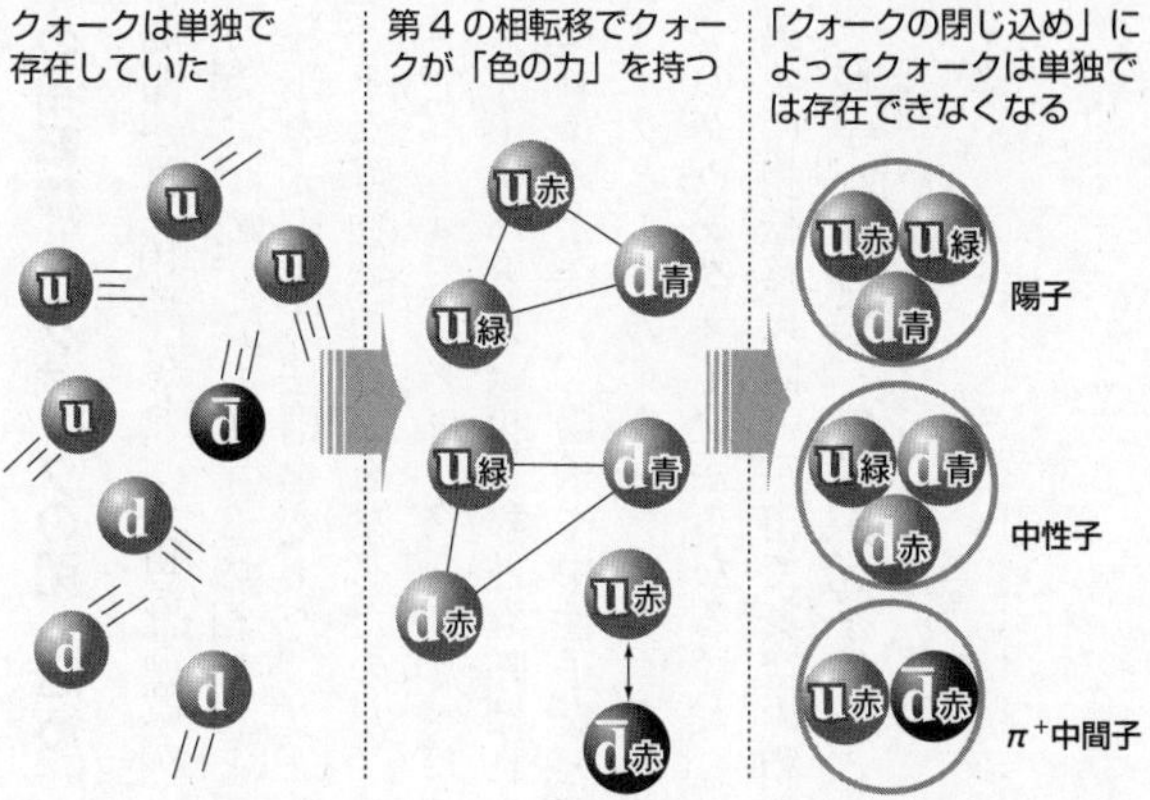

また、クォークとレプトンには、それぞれ6種類のもの（236ページ参照）があるが、重いものの方が対生成するのに大きなエネルギーが必要であるため、早くにつくられなくなった。さらに、このとき反粒子とペアが組めず、対消滅をまぬがれた重い粒子も、その後、より安定したクォークやレプトンへと崩壊してしまった。

よって、現在、宇宙に存在するクォークのほとんどはアップとダウンの2種類、レプトンは電子と電子ニュートリノの2種類となっている。

●第4の相転移と「クォークの閉じ込め」

宇宙開闢から10^{-4}秒たち、宇宙の温度が10^{12}K（1兆K）に下がったとき、第4の相転移が起こった。これも第3の相転移と同様、インフレーションは起こさなかったが、粒子を支配する法則を変えた。クォークに「色の力」（230ページ参照）を持たせ、クォーク単独での存在を禁じたのだ。これを「クォークの閉じ込め」（232ページ参照）という。また、クォークが集まってつくる粒子をハドロンと呼ぶことから、これはクォークハドロン相転移とも呼ばれる。

我々に馴染みが深い、陽子や中性子などはこのハドロンである。陽子は2つのアップクォークと1つのダウンクォークでできており、中性子は1つのアップクォークと2つのダウンクォークからなる。

この第4の相転移以降、宇宙で真空の相転移は起こっていない。我々の身の回りにある、陽子、中性子、電子、光子は、この段階ですべて生まれている。

ビッグバンと物質の誕生③

原子核の誕生と「宇宙の晴れ上がり」

●陽子と中性子の結合で数種の原子核が誕生

宇宙開闢から3分後、宇宙の温度が10^9K（10億K）にまで下がったため、粒子の熱運動エネルギーが減少し、陽子と中性子が結合し始めた。最初にできたのは、陽子1つと中性子1つからなる重水素の原子核である。この重水素の原子核どうしが衝突し、三重水素と陽子に変わり、さらに三重水素と重水素が衝突し、ヘリウム原子核と中性子に変わる。

このような原子核の合成が行われるなか、単独の中性子はβ《ベータ》崩壊によって、電子とニュートリノを放出し、次々と陽子に変わっていく。単独で存在する中性子の平均寿命は約14分47秒なので、宇宙開闢から数十分たったころには、すべてが崩壊してしまう。残されたのは陽子（水素原子核）とヘリウム原子核であり、その存在比は原子核の数で12対1、重量比で約75対25となった。

これらの原子核は、さらに質量数（陽子と中性子の数を合わせた数：193ページ参照）

ビッグバンで生まれた水素とヘリウム

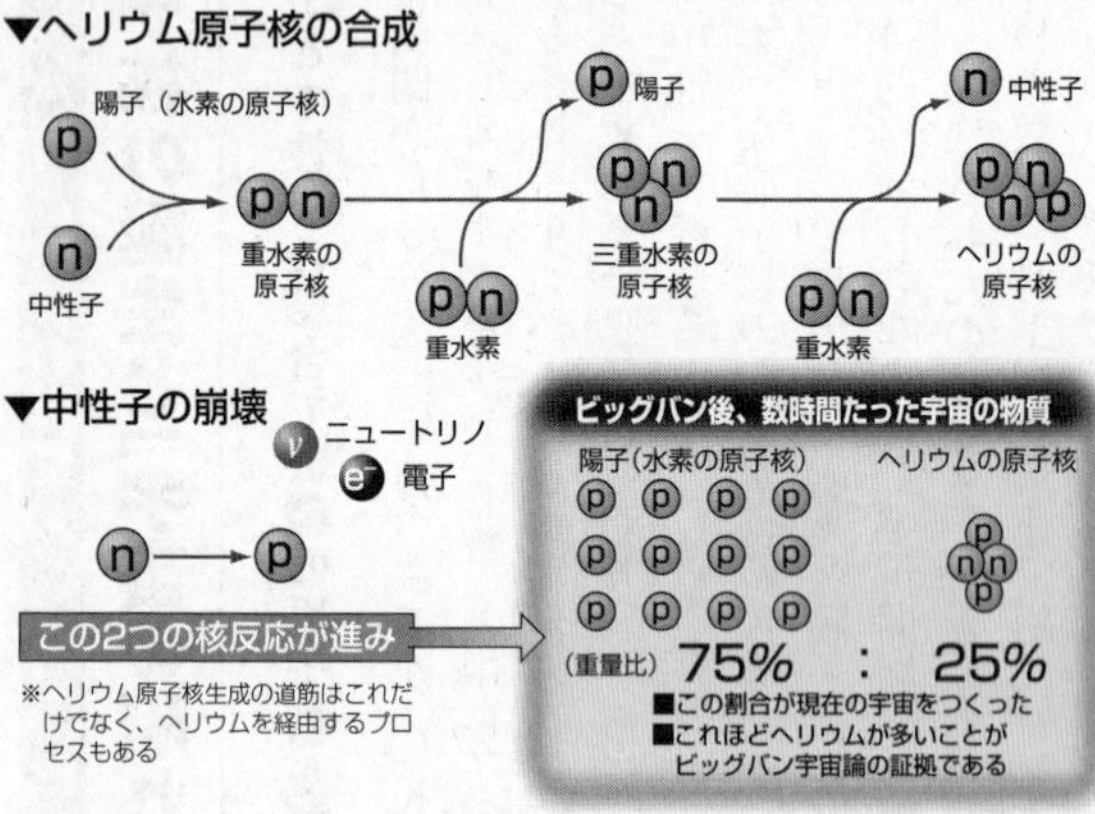

6のリチウム原子核、質量数7のリチウム原子やベリリウム原子核をわずかにつくる。しかし、質量数が8の原子核は不安定で、すぐに陽子2つと中性子2つのヘリウム原子核へと分裂してしまう。

結局、ビッグバンで生まれた元素は、ほとんどが水素とヘリウムである。現在の宇宙でも、ヘリウムが重量比でおよそ25%を占めるが、これはビッグバンが起こったという証拠でもある。星のなかでの合成（42ページ参照）だけでは、これほど大量にヘリウムは生まれないのである。

●原子の誕生と宇宙の晴れ上がり

宇宙開闢から38万年たったころ、

さらに宇宙は冷え、温度は約3000Kにまで下がった。同時に電子の熱運動エネルギーも低下。それまで自由に飛び回っていた電子の動きが鈍くなる。すると、マイナスの電荷を持つ電子は、プラスの電荷を持つ原子核に引きつけられ、ついには原子核に捕らえられる。原子の誕生である。

こうして原子が生まれると、宇宙の景色も一変した。飛び回る電子によってさえぎられ、散乱していた光が空間を直進できるようになり、光が遠くまで届くようになったのである。これを「宇宙の晴れ上がり」と呼ぶが、この様子は、微弱な電波として現在でも観測することができる。「宇宙の背景放射」と呼ばれるものである。

宇宙の進化と元素の合成①

銀河の誕生と、星が輝く理由

●インフレーション期のゆらぎが宇宙の大構造に

宇宙開闢から1〜2億年。宇宙には、ビッグバンで生まれた水素とヘリウムのガスが充満し、ほぼ均一に広がっていた。

しかし、完全に均一だったわけではない。30ページで説明したインフレーション初期のゆらぎによって、わずかに密度が濃いところと、薄いところができていたのだ。

やがて、宇宙のガスは、重力によって引き合い、密度の高いところに集まりだす。この集まりが銀河へと発達する。

また、銀河は宇宙のゆらぎ、ムラに沿ってつくられるので、何千、何万という銀河が、立体的な網目のように成長することになる。これを「宇宙の大構造」と呼ぶが、この起源はインフレーション期のゆらぎだといえる。

星が輝く理由

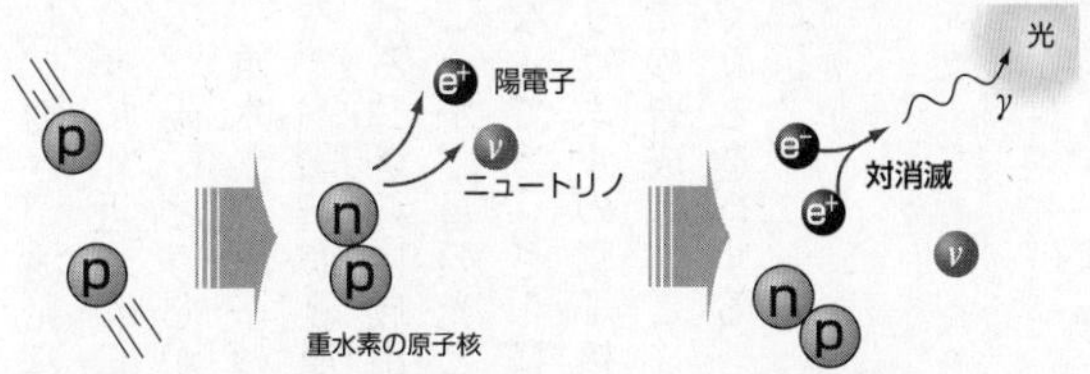
陽子2つが接近
陽子1つが陽電子とニュートリノを放出して崩壊、中性子に変わる
陽電子と電子が対消滅してγ線に変わる。このγ線が星の光になる

この核融合はまれにしか起こらないことから、星のなかでの核融合はゆっくりと進む。太陽が100億年以上輝き続ける理由である

●宇宙に星が輝きだす

集まりだした水素とヘリウムのガスは、はじめは雲のように漂っているが、ガス自身の重力によって徐々に収縮が起こり、やがて球状になる。さらにガスが圧縮され続け、密度が高まると、中心の温度が上昇。電子の熱運動エネルギーが再び増加するため、電子は原子核から離れていく。

こうしてできた原子核の塊《かたまり》は、さらに温度を上げ、1500万K以上になったころ、ついに核融合を開始し、光を放ち始める。星の誕生である。

ここで星が光を発するプロセスを

みてみよう。内部温度の高まりによって、陽子（水素原子核）の熱運動エネルギーが増加し、動きが活発になる。しかし、陽子はプラスの電荷を持つので、お互いに反発し合って、近づくことはない。ところが、まれにトンネル効果（216ページ参照）によって、陽子どうしが接近する。そして、一方の陽子がβ崩壊を起こし中性子に変わり、重水素の原子核ができる。

ところで、陽子がβ崩壊して中性子に変わるときには、陽電子とニュートリノが放出される。さらに放出された陽電子が電子と対消滅することでγ《ガンマ》線を発する。このγ線こそが、星の光となるのである。

星のなかでは、さらに核融合が進み、重水素の原子核がヘリウム3の原子核となり、ヘリウム4の原子核となる。ただし、この一連の核融合の最初のプロセスである重水素の合成は、ごくまれにしか起こらない。よって、星のなかでの核融合は実にゆっくりと進行する。太陽が100億年にわたって輝き続けるのは、こういった理由による。

宇宙の進化と元素の合成②

星の一生と元素の合成

●炭素をつくったトリプルアルファ反応

ビッグバンで生まれた元素は、原子番号1番の水素と、2番のヘリウム、そして、ごくごくわずかのリチウム（3番）、ベリリウム（4番）のみだった。また、星で起きる核融合も、4つの陽子がヘリウム原子核へと変わるものであり、それ以上重い元素はなかなか生まれてこない。これはヘリウム4の原子核の安定性が抜群に高いことに由来する。この原子核を壊してまで、それより大きな原子核になるエネルギーがないのである。では、どうやって、それ以上の重い原子核が生成されたのだろうか。

星の核融合で生まれたヘリウム原子核は陽子より重いため、星の内部に集まり、収縮。さらに高温高圧となる。しかし、ビッグバン時と同様、質量数4のヘリウム原子核どうしがぶつかって、質量数8の原子核ができることはない。ところが、さらに密度が上がり、衝突が頻繁になると、2つのヘリウム原子核が共鳴状態をつくり、そこにもう1つのヘリウム原子核が衝突する事態が起きる。すると、3つの原子核が融合し、質量数12の炭素原子核ができるのである。この炭素12の原子核は非常に安定しているので、分裂することはない。ヘリウム原子核は別名α《アルファ》粒子とも呼ばれるので、この反応はトリプルアルファ反応と呼ばれる。

●星のタマネギ構造が鉄までの元素をつくる

この星での元素合成は、星の大きさによって変わってくる。太陽ぐらいの星の場合、炭素原子核とヘリウム原子核の核融合によって、酸素原子核がつくられるが、そこで星の寿命が尽きる。

一方、太陽の8倍くらいの星の場合、寿命は短いものの、核融合が早く進むため、より重い原子核をつくり出す。星の中心に集まった炭素原子核や酸素原子核が、ネオンやマグネシウムの原子核をつくり、さらにそれらからケイ素や硫黄、鉄などの原子核がつくられる。これによって星にはタマネギ構造と呼ばれる原子核の層ができる。

しかし、わずかなニッケルをのぞき、鉄より重い元素の合成は、このプロセスでは起こらない。全元素中、鉄の原子核がもっとも安定しているため、ここまでの核融合ではエネルギーが放出され、それがさらに重い元素をつくる源となった。しか

星のなかでの元素合成

トリプルアルファ反応で炭素が生まれる

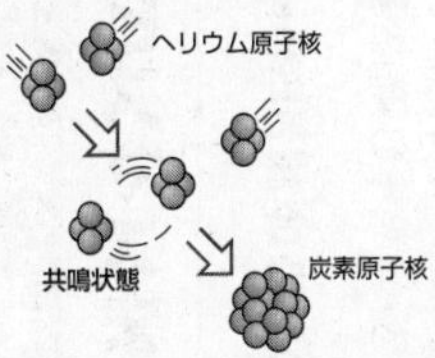

ヘリウム原子核2つが衝突しても核融合は起こらない（43ページ参照）。しかし10^{-17}秒だけ、2つの原子核は共鳴状態となる。そのとき、もう１つのヘリウム原子核が衝突するとこれらが核融合し、炭素原子核となる

星のタマネギ構造で鉄までの元素ができる

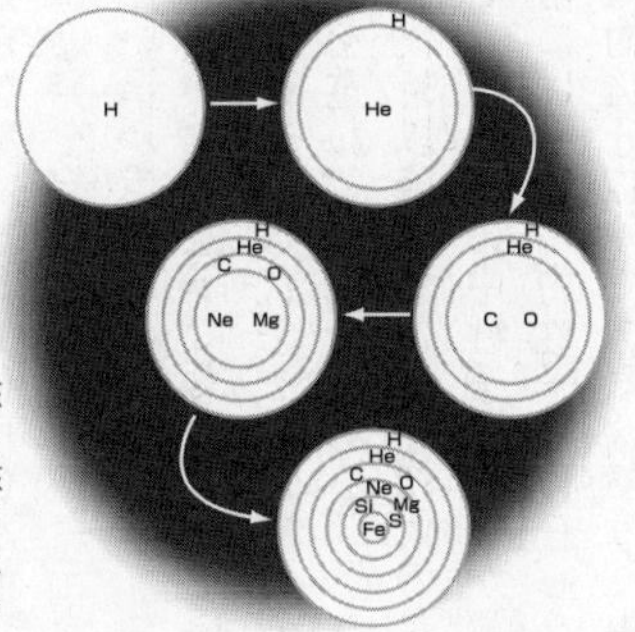

し、これ以上重い原子核の核融合は、逆にエネルギーを消費するため、連鎖的な核融合は起こらないのである。

宇宙の進化と元素の合成③

鉄からビスマスまでの長い道のり

●鉄と中性子が元素合成の材料となる

我々の太陽程度の大きさの星の寿命は約100億年といわれるが、内部で鉄をつくるような大きな星には約1000万年で寿命を迎えるものもある。寿命を迎えた星は、最後に爆発を起こし、つくった元素を宇宙にばらまく。そして、そのチリが集まって新しい星が生まれる。

宇宙の年齢は137億年であるから、現在、輝いている星のなかでも、軽いものは宇宙開闢後、最初の世代や2代目である。しかし、重いものはもう何十、何百という世代交代を重ねているのである。

そして、2代目以降の星には、初代の星が生み出した鉄などの元素がはじめから含まれている。この鉄に中性子がぶつかることで、鉄以上の重い元素が生まれる。しかし、宇宙には単独の中性子は存在しない。37ページで説明したように、中性子の平均寿命は約14分47秒である。では、中性子はどこから飛んでくるのだろうか。

鉄56から銅63へ（sプロセス）

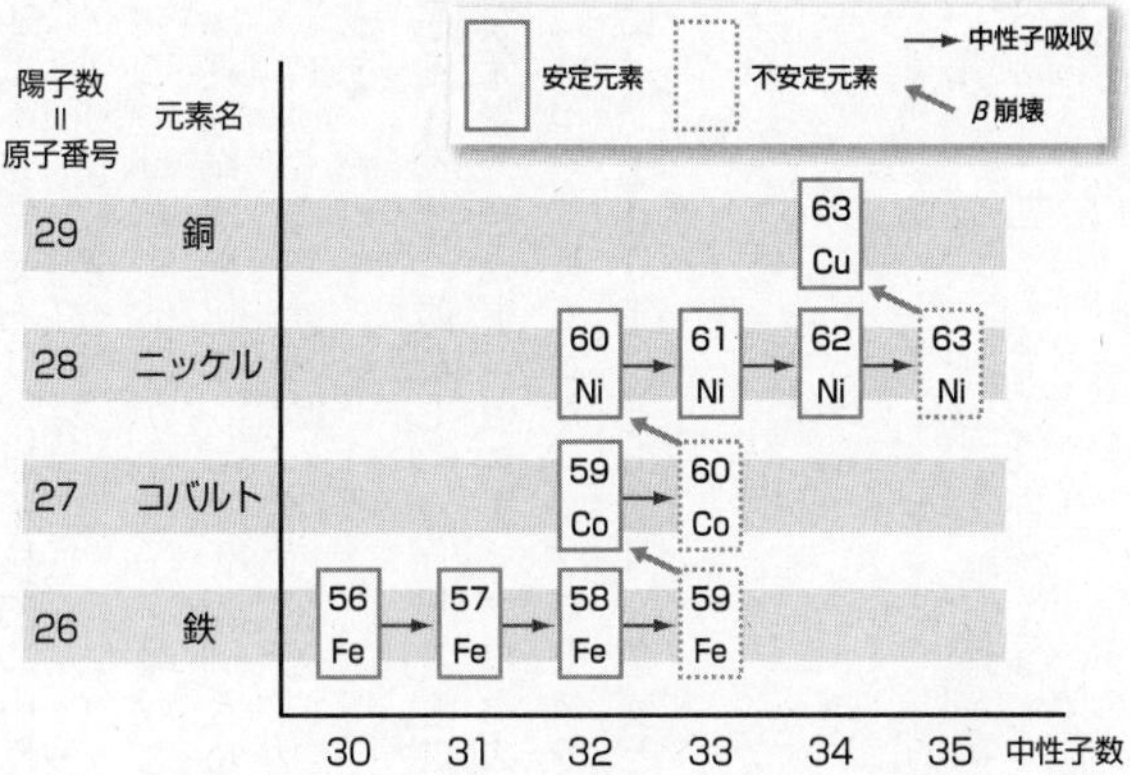

大きな星が爆発した後、そのチリによってできた星では、炭素12が陽子を得、炭素13に変化することがある。さらに、炭素13がヘリウム原子核と融合することで、酸素原子核となるが、このとき中性子が放出される。

●100年以上かけて元素を合成するs《スロー》プロセス

2代目以降の星のなかで、こうして飛び出した中性子が、鉄56という原子核に吸収され、鉄57ができる。鉄57はさらに中性子を吸収し、鉄58となる。鉄57と鉄58とは安定な原子核である。

ところが、もう1つ中性子を吸収

した鉄59は不安定であり、原子核内の中性子1個がβ崩壊して瞬く間《またた》に陽子に変わり、コバルト59に変化する。

次に、このコバルト59が中性子を吸収しコバルト60となるが、これも不安定であり、やはりβ崩壊を起こしニッケル60となる。さらにニッケル60は安定なニッケル61、ニッケル62と変わるが、不安定なニッケル63にいたると、β崩壊して銅63へと変わる……。

中性子を1つずつ吸収し、β崩壊を起こしながら、安定な原子核を渡り歩く。このような元素の合成プロセスをｓ《スロー》プロセスと呼ぶ。その名のとおり、このプロセスは非常にゆっくりしており、ｓプロセスでできる最後の原子核、ビスマス２０９にいたるには、１００年以上の歳月を必要とする。

宇宙の進化と元素の合成④

超新星爆発とｒ《ラピッド》プロセス

●ｓプロセスがビスマスで終わる理由

ｓプロセスでできる最大の原子核、ビスマス２０９が中性子を吸収すると、ビスマス２１０へと変わるが、これは不安定であり、すぐに崩壊する。ただし、ここまで起きてきたβ崩壊ではなく、α崩壊が起きる。これは原子核がα粒子（ヘリウム原子核）を放出して、若い原子番号の原子へと変わる核反応であり、原子番号83のビスマス２１０は、原子番号81のタリウム２０６になってしまう。

さらにこのタリウム２０６も不安定であり、β崩壊を起こし、安定な鉛２０６となり、さらに２０７、２０８を経て、不安定な鉛２０９へと変わり、再びビスマス２０９へと変化する。鉄に始まりビスマスまで進んできたｓプロセスは、ここでループを描いてしまい、これより先の元素合成に進むことはない。

●星の死で爆発的に進むrプロセス

ビスマスより重い元素は、太陽より10倍程度の重い星でつくられる。これらの星では44ページで解説したタマネギ構造によって、星の中心に鉄が集まり、核となっている。そして、星が一生を終えるころ、重力によって収縮を始め、内側にどんどん縮み、ついに鉄の原子核が潰れる。これを爆縮《ばくしゅく》という。潰された鉄の原子核では、陽子が電子と反応して中性子に変わり、ニュートリノを放出する。

星の質量が太陽の15倍以上あるような場合、星はそのまま押しつぶされて、中性子星（84ページ参照）になる。しかし、質量が太陽の10倍程度の星では、爆縮は長くは続かず、反発によって、一気に大爆発を起こす。この爆発が「超新星爆発」である。

超新星爆発では、星の中心にできた莫大な数の中性子が、雨あられのごとく、周りに降り注ぐ。その密度は1立方センチメートルにつき10^{21}個に達すると考えられている。一方、これを浴びた周りの原子核は、みるみるうちに中性子を吸収し、巨大な原子核へと姿を変える。もっともこうして生まれた原子核は、陽子にくらべ、中性子が極端に多く、不安定である。よって直後にβ崩壊を起こし、陽子と中性子のバランスが取れた安定核へと変化する。天然に存在するもっとも重い原子核、ウ

ウラン238までをつくるｒプロセス

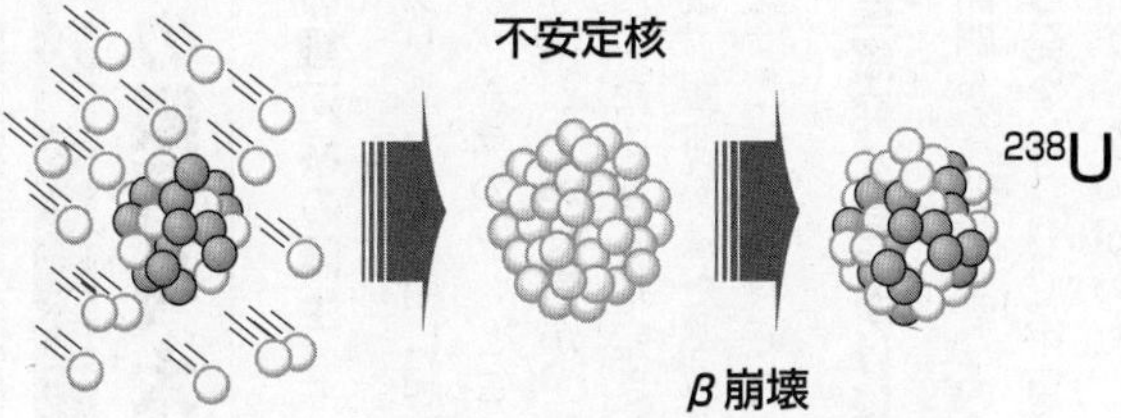

超新星爆発によって放出された中性子が、原子核にシャワーのように降り注ぎ、瞬く間に大きな原子核ができる。これがβ崩壊を繰り返し、安定した核となる

ラン２３８までの安定な原子核は、こうして宇宙に生まれたのである。

超新星爆発にともなって、瞬間的に起きる原子合成のプロセスは、その速さからｒ《ラピッド》プロセスと呼ばれる。

地球と人類①

我々の銀河系、太陽系の誕生

●我々の銀河系の誕生

インフレーション期に起源を持つ量子力学的なゆらぎが、宇宙の物質の密度のムラになり、ムラの濃いところに集まったチリが銀河をつくった。銀河の数はおよそ1000億といわれるが、我々の銀河系もその1つとして誕生した。宇宙開闢から20億年たったころと推定される。

その後、銀河ではたくさんの星々が生まれ、そして死んだ。天然にある、およそ90の元素はこれによって生み出されたのである。

●超新星爆発をきっかけに太陽系が生まれる

宇宙開闢から90億年たったころ、我々の銀河系で、ある星が一生を終えた。星は超新星爆発を起こし、宇宙に元素をまき散らし、さらにその衝撃波で宇宙にただようガスやチリをゆがめた。こうしてかき回された物質は、次第に集まりだし、重力

太陽系の誕生

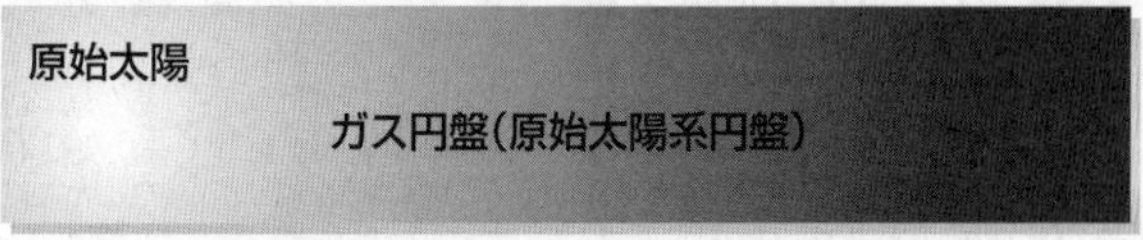

原始太陽系をただようガスやチリが遠心力によって
同一平面上を回り始める

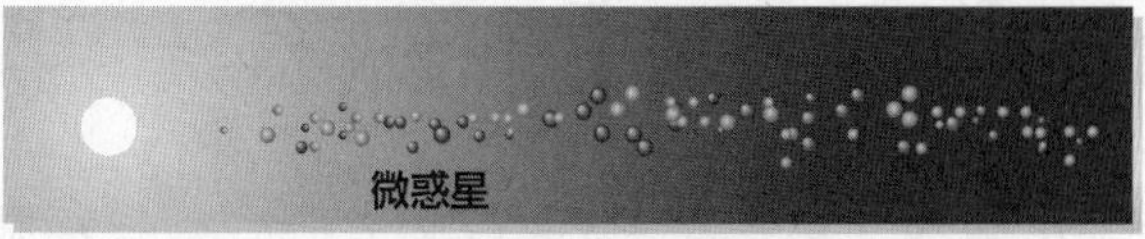

チリが重力で集まり微惑星が形成される

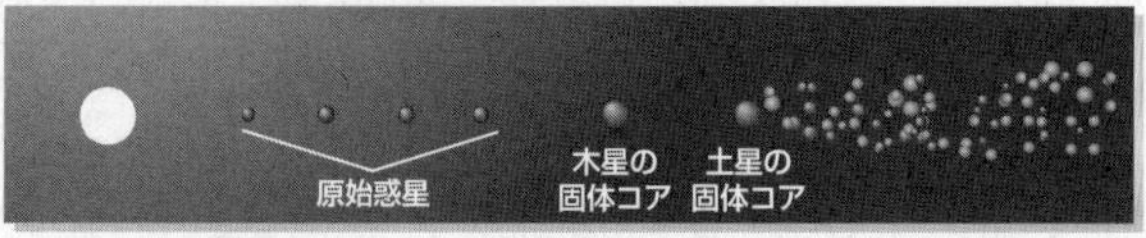

微惑星の衝突・集積で惑星ができ始める

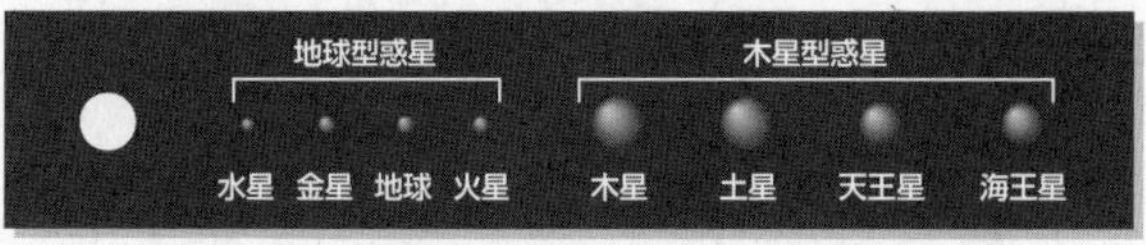

かたい地球型惑星とガスにおおわれた木星型惑星が
できる

によって球状にかたまっていく。原始太陽の誕生である。

一方、原始太陽の周りに取り残された物質は、渦を巻き、円盤状にただよう。こちらは太陽系の惑星のもととなる。

太陽や惑星のもとになった固体のチリは、いずれも星たちによって合成され、生み出された元素たちだ。これらがその後、地球の山河をつくり、生命の源である有機物となり、植物をつくり、動物となる。我々人類ももちろん例外ではない。我々の身の回りの物質はもちろん、我々自身の身体も、もとはといえば皆、こうしてできたものなのである。

●微惑星が集まり惑星となる

原始太陽系を円盤状にただようガスやチリは、太陽の重力と、ガスやチリ自身の遠心力によって、徐々に太陽の周りの同一平面上を回り始める。すると今度は、チリどうしが重力によって集まりだし、衝突、集積を繰り返し、微惑星とよばれる小さな天体となる。

このとき、太陽の近くには、金属や岩石などの重い元素からなる微惑星が集まり、遠くには固体の水(氷)や固体のアンモニア、メタンなどを主成分とする微惑星が集まった。やがて、微惑星がさらに衝突、集積を重ねることで、現在の惑星ができあがる。

太陽に近い水星や金星、地球、火星がかたい「地球型惑星」、遠い木星、土星、天王星、海王星がガスにおおわれた「木星型惑星」であるが、その理由は、惑星のもとになった微惑星の成分にあるのだ。

地球と人類②

地球と月の誕生

●微惑星合体による地球の形成

微惑星が合体を繰り返し、地球が誕生したのは、宇宙の誕生から約90億年後、いまから約46億年前だと推定されている。当時の地球は、微惑星の衝突や重力による圧縮などのエネルギーで大変熱く、金属や岩がドロドロに溶けたマグマの海であった。

マグマの海のなかで、物質は自由にただよう。鉄やニッケル、マンガンなどの重いものは、地球の中心に沈んで核をつくり、より軽いケイ素やカルシウムが、これを取り巻いた。さらにその上にアルミニウムやマグネシウムなどが層になり、その上を二酸化炭素や水（水蒸気）、窒素などの軽いガスが取り巻いて、原始大気となった。

地球表面に原始大気が生まれると、温室効果によって地球はますます熱くなる。これすると、岩石などに含まれていたガスが熱で飛び出し、大気中に放出される。これ

地球の誕生

●微惑星の合体で地球が誕生。地球の表面はマグマの海であった

●大気の対流、さらに冷えた水蒸気による雨で、地球は冷え、地殻が固まりだした

によって、地球の表面は、数百気圧、1300℃という灼熱《しゃくねつ》の世界となった。

●地球と原始惑星の衝突で月が誕生

火星と同じくらいの大きさの原始惑星が地球に衝突したのは、ちょうどこのころであった。

この衝撃で地球は大打撃を受ける。地球表面だけでなく、内部のマントルまでが吹き飛ばされたのだ。やがて、これらの破片が地球の周りを円盤のように取り巻き、さらに、1つにまとまり球状になる。これが現在の月になる(このジャイアントインパクト説が、月誕生の有力な説だ

が、他説もある）。

生まれたての月は、直径がおよそ３５００キロメートル。地球からわずか2万メートルの軌道を回っていた。これが現在までに、約38万キロメートルの彼方へと離れていったのである。

●地上が冷え、海ができあがる

灼熱の世界であった地球も、時がたつにつれ徐々に冷え始めた。大気が対流することで、地上の熱が宇宙空間に放出され、地表の温度が３００℃ほどになり、地殻が固まりだす。さらに、大気上層の水蒸気が冷えて水に変わり、雨となって地上に降り注ぐ。大地は３００℃と高温だが、気圧も約２００気圧と高いので、水の沸点も高く、雨はあまり蒸発しなかった。また、蒸発した水蒸気も上空で冷やされ、再び雨となって降り注いだ。

こうして地上には海ができ、かかっていた厚い雲が取り払われ、空は晴れ上がった。

地球と人類③

「化学進化」と生命の誕生

●地球で「化学進化」が始まる

地上に海ができると、そのなかにさまざまな物質が溶け込んでいった。二酸化炭素やメタンガス、アンモニア、亜硫酸ガスなどの、ごく簡単な構造を持つ分子である。

ところが、太陽からの紫外線のエネルギーや、雷の放電によるエネルギーなどの作用で、これらの簡単な分子が化学反応を起こす。より複雑な分子ができあがるのである。まず、カルボン酸やアルコール、アルデヒドなどの基本的な有機化合物ができ、これらがさらに化合してアミノ酸ができる。数種類のアミノ酸がつながり、たんぱく質となる。また、糖類や脂肪、核酸なども生み出され、これらが海のなかに蓄積されていった。

このように、自然界によって徐々に複雑な化学物質が合成されていく現象は「化学進化」と呼ばれている。

化学進化

原始の海に含まれていた簡単な分子が化学反応によって
複雑な分子へと合成されていった

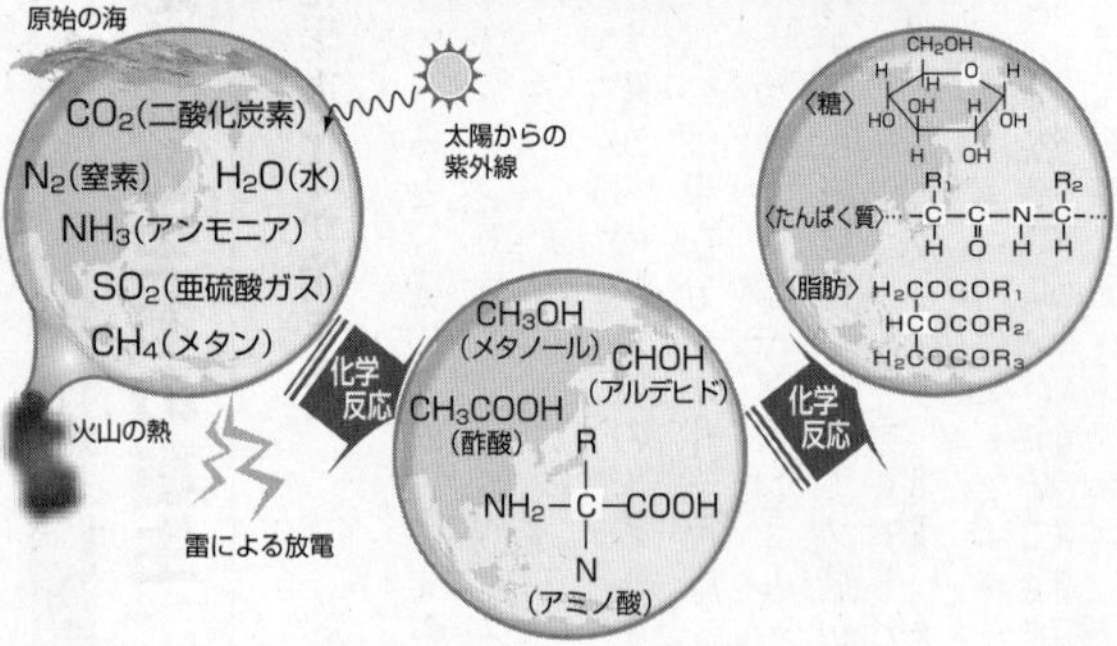

●海に原始生命が生まれる

地球誕生から10億年がたち、海にさまざまな有機物が生まれると、これらがさらに複雑に結びつき、ついに生命が誕生した。生命とは、自己が活動するために必要なものを自ら体内に取り込み、不要物を排出する代謝機能によって、生体のエネルギーを生み出し、さらに自己を複製し、子孫を残す機能を持つものをいう。

生命としての機能を持つ、最初のものは古細菌やバクテリアであった。これが進化し、藍藻《らんそう》が生まれる。藍藻はバクテリアの一種であるが、光合成を行う初めての生物であった。光合成とは、太陽エネルギーを使って、水と二酸化炭素から有機物をつくることで、生物はできた有機物を自分の身体のもとにしたり、栄養とする。

ところがこの光合成は、副産物として酸素（気体の酸素分子）を生み出す。藍藻は地球誕生後20億年たったころに大繁殖し、地球の大気の成分は大きく変わる。それまでの大気は、大量の二酸化炭素とわずかな窒素で構成されていたが、二酸化炭素が減少し、酸素が増加することで、窒素78％、酸素21％の割合となったのである。

この酸素が、後の動物の繁栄には欠かせないものとなる。しかし、酸素のない世界で進化してきた原始的生物にとって酸素は毒であり、多くの原始的バクテリアは絶滅してしまうことになる。

地球と人類④

生物の進化と人類の誕生

●多細胞生物の誕生

地球に誕生した生命は、その後長い年月をかけて、徐々に進化し、簡単な単細胞のものから、複雑な多細胞生物へと変わっていった。

いまから約5億5000万年前のエディアカラ紀には、最初の多細胞生物であるエディアカラ動物群が登場し、それに続くカンブリア紀にはバージェス動物群が爆発的に大発生したのである。バージェス動物群は、身体に明確な左右性を持っており、動きが素早く、それまでの動きの遅い動物を駆逐してしまう。このころから生物の生存競争が激しくなり、進化が加速する。また、このバージェス動物群は、我々人類の直接の祖先だと考えられている。

そして、約4億8000万年前には、脊椎《せきつい》動物が登場し、約4億5000万年前のオルドビス紀には生物がいよいよ陸上に進出する。このころまでに、大気圏上空にオゾン層が生まれ、有害な紫外線が地上にあまり降り注がなくなっていた。これ

地球上の動物の進化

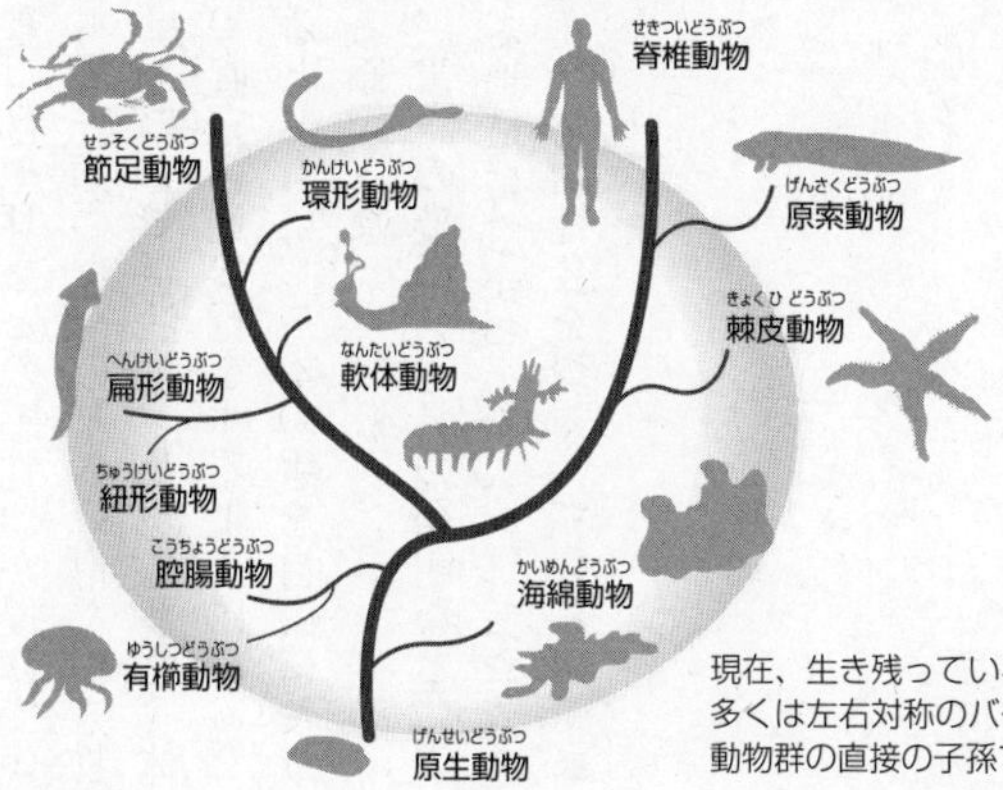

現在、生き残っている動物の多くは左右対称のバージェス動物群の直接の子孫である

が生物の地上進出を後押ししたのである。その後、地上にはシダが繁茂し、昆虫や両生類が繁栄する。２億５１００万年前の三畳紀に爬虫類が登場し、ジュラ紀には恐竜の時代へと突入する。恐竜はその後、１億年にわたって地球を支配するが、６５５０万年前に絶滅。隕石《いんせき》衝突による気候の大変動のためとされる。

●人類の誕生と文明の発達

ジュラ紀や白亜紀、我々の祖先である小さな哺乳類は恐竜の陰で細々と生きてきたが、恐竜の絶滅によって、一気に繁栄しはじめた。哺乳類は身体の大きさにくらべ、脳が発達しているのが特徴で、素早く動くことができ、目や耳などの感覚器が優れている。

これら哺乳類のなかのリスに似た生き物が、我々人類の祖先である。リスに似た生き物は木の上で生活し、サルに進化。体格が大きくなるとともに、地上におり、やがて、直立二足歩行をするようになる。二足歩行は、大きくて重い脳の維持を可能にするとともに、二本の手を自由に使うことも可能にした。これが急速に脳を発達させる原因となった。

また、言語の獲得、道具の発明などによって、人類は文明を築き上げ、地球上のあらゆる地域に広がっていった。そして現在、人類は科学技術を発展させることで、高度な文明社会をつくっているのである。

宇宙の未来①

太陽の死と銀河系の合体

●60億年後、太陽は燃え尽きる

宇宙開闢から現在までの１３７億年の宇宙の歴史は、ドラマ性に富んだものだ。超ミクロなゆらぎから宇宙が始まり、無数の銀河ができ、我々の太陽系が生まれる。さらに、地球ができ、生命が生まれ、ついには人類が誕生して、現在にいたる。

では、宇宙は今後どうなっていくのだろうか。現在の宇宙論が予測する未来を、ざっと見ていこう。

我々の住む地球の未来には、いくつもの望ましくない破滅のシナリオが用意されている。生物の絶滅ということでいえば、現在、騒がれている地球温暖化がその１つであるが、これとは逆に、氷河期がまた訪れ、地球が凍りつくという説もある。

この他、彗星が降り注ぎ、地球環境が激変するとか、太陽系の近くでγ線バーストが起き、地球の生物が死に絶えるとか、こういった説には枚挙にいとまがない。

宇宙の未来

➡50億年後、膨張した太陽によって水星、金星、さらに地球も呑み込まれる

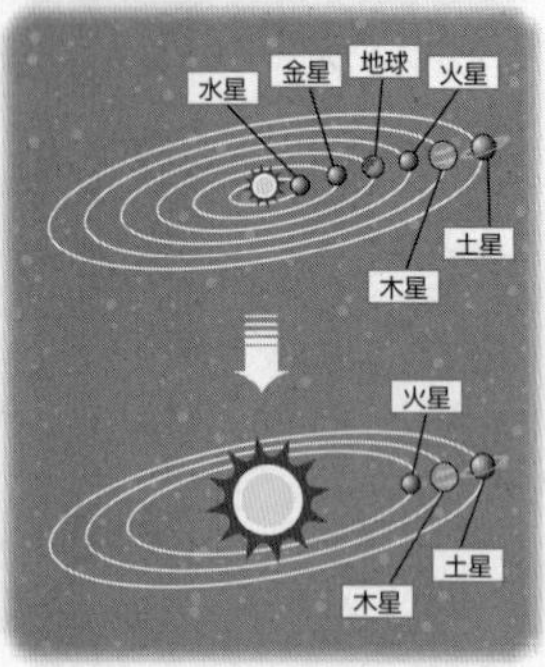

➡遠い将来、銀河系とアンドロメダ銀河は合体する

もっとも、これらはいずれも可能性こそあれ、確実に起こるとはいいきれない。地球が確実に死を迎えると思われるのは、50億年後の未来である。このとき地球は太陽によって焼き尽くされる。

現在、核融合することで燃え続けている太陽も、やがては燃料である陽子がなくなり、中心部は収縮し、表面は逆に膨張を始める。太陽は200倍の赤色巨星（81ページ参照）になり、地球は灼熱の世界になってしまうだろう。さらにこの後、地球は太陽に呑み込まれてしまう可能性が高い。

一方、太陽は赤色巨星を経て、燃え尽き、白色矮星《わいせい》となる。太陽は冷

え続け、ついには光を失う。60億年以上先の未来のことである。

●銀河系は近くの約30の銀河と合体する

銀河系の将来も、ある程度わかっている。我々の銀河系は、周辺の30以上の銀河とともに、局部銀河群（74ページ参照）をつくっているが、この銀河群すべてが、最終的には合体し、１つの巨大な銀河になると予測されているのだ。

もっとも、銀河群が1つになってしまうのは、数兆年後の、はるか未来である。銀河系はいずれ、伴星雲《ばん》であるマゼラン雲と合体し、次に隣のアンドロメダ銀河と合体する。アンドロメダ銀河と銀河系は現在、２３０万光年ほど離れており、両銀河が合体するまでには、少なくとも30～50億年かかると見積もられている。

宇宙の未来②

「ビッグフリーズ」か「ビッグクランチ」か

●宇宙の最期「ビッグフリーズ」

遠い将来、我々の銀河群の銀河たちが引き合って1つに統合されてしまうと予測されているのに対し、我々の銀河群と他の銀河群とは、斥《しりぞ》け合って離れていくと予測されている。

実をいうと、宇宙は誕生から約70億年たったころから再び加速膨張を始めており、銀河群どうしは現在も速度を上げながら、遠ざかっているのである。現在の膨張がこのまま続けば、いずれ網の目のような宇宙の大構造は崩壊し、隣の銀河群も「事象の地平線」(88ページ参照)に沈んでしまうだろう。さらに、各銀河群の星も燃え尽き、燃えかすになり、冷え切ってしまう。

広大な暗黒の空間のなかに、ぽつんぽつんとお互いに関わりを持たない冷え切った銀河群が存在する。これがはるか未来の宇宙の姿として予想されるものの1つである。

宇宙の最期

▼ビッグフリーズ

宇宙は膨張し続け、ついには冷えきってしまう

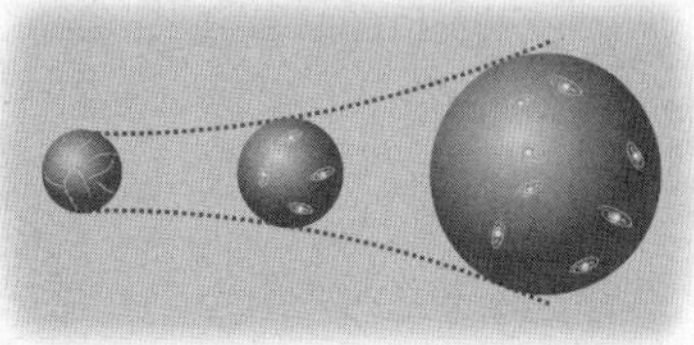

▼ビッグクランチ

膨張していた宇宙は収縮に転じ、1点に潰れてしまう

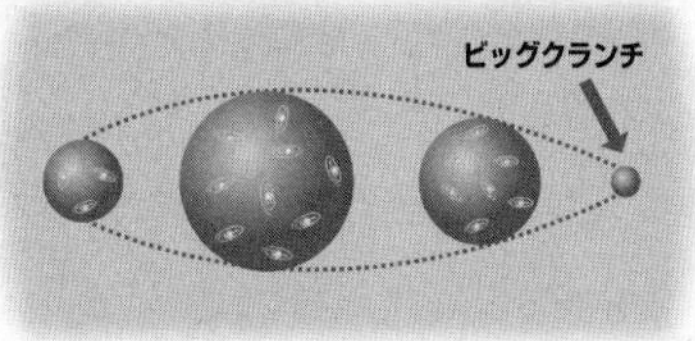

●ビッグバンの状態に逆戻りする

このような宇宙の死は「ビッグフリーズ」と呼ばれるが、宇宙の死のシナリオは、何もこればかりではない。例えば「ビッグクランチ」と呼ばれる説では、ビッグフリーズとは逆に、宇宙が縮みだし、ついには一点に潰れてしまうとされる。

先ほど、宇宙は誕生から70億年たったころから再び加速膨張していると書いたが、実はその理由はよくわかっていない。291ページでも述べるが、「真空のエネルギー」による第二のインフレーションだとする説や、膨張の度合いが今後変わるとする「クインテッセンス」説をはじめ、

多くの仮説が提出されているのだ。つまり、今後、宇宙が加速膨張から減速膨張に変わり、さらには収縮に転じる可能性もあるのである。宇宙が収縮に転じ、最終的に一点に潰れてしまう。これがビッグクランチである。

宇宙の終焉には、この他にもさまざまなシナリオが考えられている。また、303ページで解説するように、宇宙は無限に存在し、我々の宇宙から他の宇宙への脱出も可能であるという考え、あるいは、ブレーンによる多世界宇宙、さらには循環する宇宙の姿というものも考えられている。

宇宙の最期の姿を導くには、宇宙に関するこれらの仮説を検証し、実験や観測の結果などと照らし合わせ、ミクロからマクロまでを統一して記述できる理論の完成が必要だと考えられている。

第2章

大宇宙、銀河はこうなっている

太陽や月のような親しみのある星から、中性子星やブラックホールのようなちょっと恐ろしいものまで、宇宙には実にさまざまな天体が存在する。本章ではまず、宇宙の大構造をとらえ、銀河団、銀河系、太陽系、惑星と、徐々にスケールを狭めながら宇宙を俯瞰していく。同時に、さまざまな天体の特徴や性質なども解説していく。

宇宙の構造と天体①

宇宙の大構造、銀河群、銀河団

●宇宙のどこまでを観測できるか

ビッグバンから38万年、宇宙の晴れ上がりによって光が直進し始めた。このころの光を我々は宇宙の背景放射（254ページ参照）として観測している。しかし、それから約10億年間、原始銀河が形成されたと思われる時期の宇宙は、いまだに観測されていない。これは、その時代の光があまりに遠すぎて、観測できないからだ。

考えれば当然のことだが、遠い天体の光ほど、地球に届くまでに時間がかかる。太陽の光は地球にたどり着くまで約8分20秒かかる。よって我々の見ている太陽は約8分20秒前の過去の姿だ。夜空の星々は太陽とは比較にならないほど遠い。一番近い恒星、ケンタウルス座アルファでさえ約4・3光年離れている。当然、その光は約4・3年前のものだ。天体には何万光年、何億光年と離れたものがあるが、これらは何万年、何億年の昔の宇宙の姿なのだ。

宇宙誕生から137億年。理屈では、我々は半径137億光年の宇宙を観測でき

宇宙には泡のような大構造がある

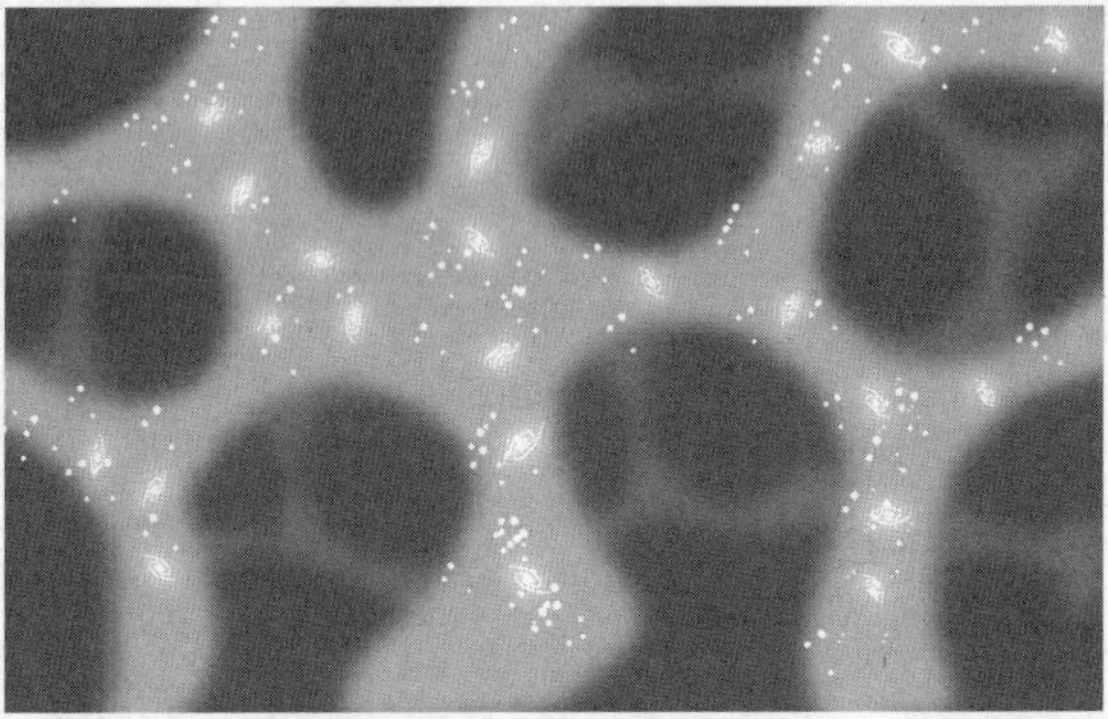

銀河の存在しないボイドが泡のように集まり、その境の面や線に沿って多くの銀河が密集する

るはずである。しかし、最新の望遠鏡でも見えるのは128億光年までだ。宇宙の晴れ上がりから10億年までの初期宇宙は謎に包まれており、宇宙の暗黒時代と呼ばれている。

●泡を集めたような宇宙の大構造

宇宙は基本的に一様であり、特別な場所はない。しかし、空間に物質が均等に散らばっているわけではなく、空間にはある程度のムラがある。だから星があったり、銀河があったりするのである。

では、数十億光年というスケールで見たとき、宇宙はどんな姿をしているのだろうか。観測によると、宇宙にはボイドと呼ばれる、銀河の存在しない空間が無数にあることがわかっている。ボイドの広さは1億光年程度。これらが泡のように集まり、その境の面や線に沿って、銀河が寄り集まって存在する。これが宇宙の大構造なのである。

一方、ボイドの境界の銀河たちも、一様にばらまかれているわけではない。数十の銀河が集まって銀河群をつくり、さらに銀河が数百、数千と集まって銀河団をつくる。我々の銀河系もアンドロメダ銀河など約30の銀河とともに、半径約300万光年の銀河群をつくる。局部銀河群と呼ばれるこの銀河群は、乙女座銀河団（直径約1000万光年）に含まれ、さらに乙女座超銀河団（直径約1億光年）に含まれる。ここには数万もの銀河が存在している。

宇宙の構造と天体②

形によって銀河を分類する

●宇宙には1000億以上の銀河がある

宇宙に存在する銀河の数は1000億を超えるといわれる。そして、1つの銀河の大きさは、直径が数千から100万光年にもおよび、そこに100万から1兆もの恒星が重力によって集まっている。

73ページで紹介した宇宙の大構造とともに、こういった宇宙の構造がわかってきたのは、ごく最近の話である。実は20世紀になるまで、我々の銀河系の外に銀河があることさえも、よくわかってはいなかった。銀河系外にある数多くの銀河を発見したのは、アメリカの天文学者ハッブル（1889〜1953）である（248ページ参照）。

●銀河の種類と音叉図

ハッブルはさらに、銀河を形によって分類し、宇宙誕生後に生まれた楕円《だえん》銀河

（E）が渦巻《うずまき》銀河（S）へと進化していくシナリオを考えた。また、渦巻銀河を、中心のバルジが楕円形をした渦巻銀河（S）と、中心が棒状になった棒渦巻《ぼううずまき》銀河（SB）とに分け、いずれも楕円銀河から進化したものとした。

この様子を表したのが、次ページにあげた音叉《おんさ》図である。楕円銀河は球形の（0）から押しつぶされた（7）までの等級で表され、渦巻銀河は渦の発達の具合で（a）から（c）で表される。

しかし現在では、銀河は誕生時の状態によって形が決まると考えられており、銀河が進化するというハッブルの説は否定されている。

ハッブルによる銀河の分類（音叉図）

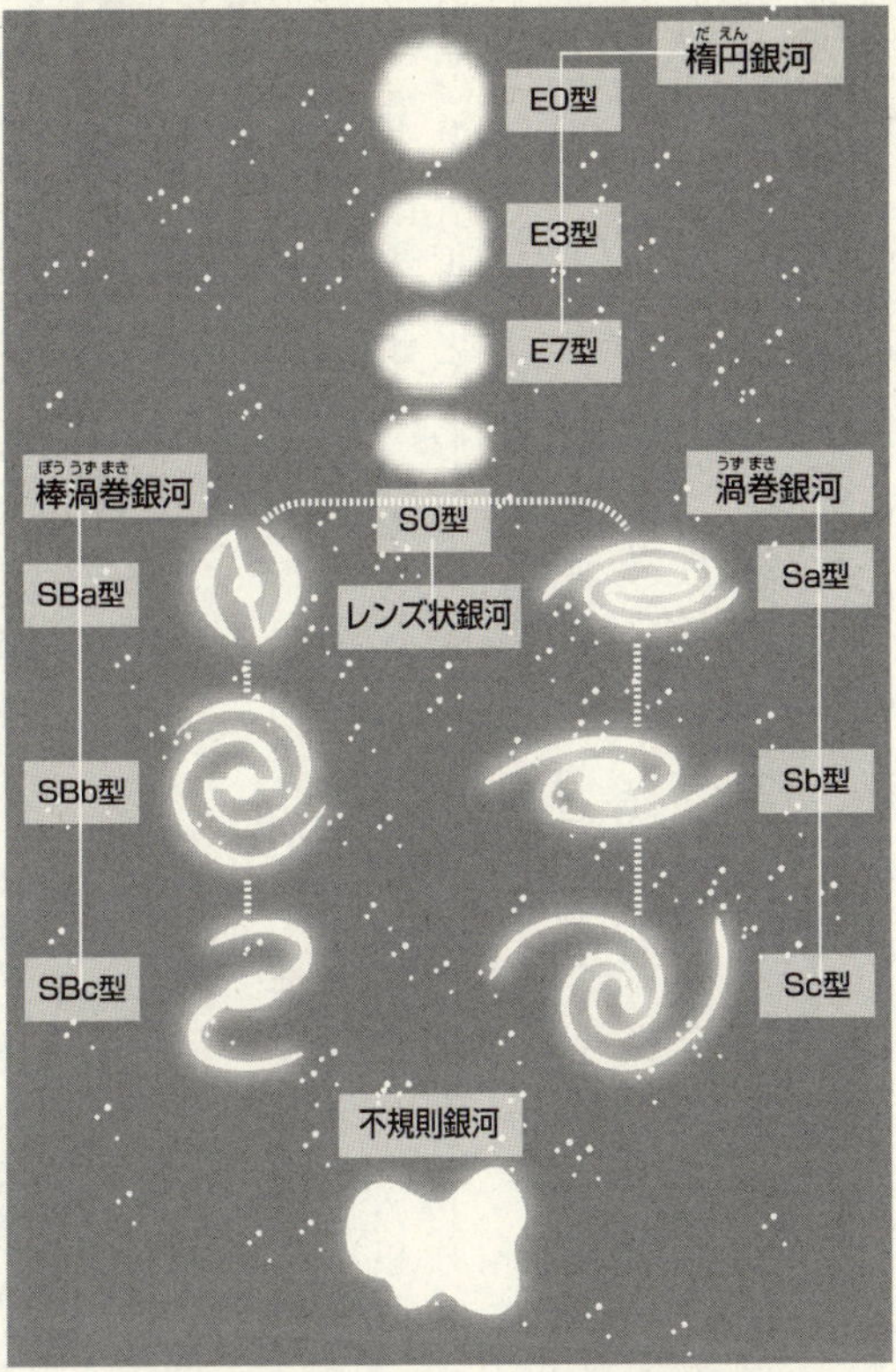

ハッブルは銀河を形によって分類、銀河は進化すると考えた。しかし現在、この考えは否定されている。

宇宙の構造と天体③

夜空に輝く星の正体

●星とは何だろう

夜空に輝く星々。そのほとんどが恒星である。これらは我々の太陽と同じく、水素ガスを主成分としており、核融合によって輝く天体である。我々の銀河系の恒星の数は約2000億個といわれるが、宇宙には銀河が1000億以上あるから、恒星はおよそ2×10^{22}個はあるということになる。

恒星とは別に、惑星と呼ばれる星がある。恒星がみな規則的に天球を回るのに対し、惑星は行ったり戻ったりと、まさに惑いながら運行する。ご存じのとおり惑星は、太陽のまわりを回っており、自ら光っているわけではなく、太陽光の反射によって輝いている星である。肉眼で見ることのできるのは、水星、金星、火星、木星、土星の5つだけである。

夜空の星は、これだけではない。例えば、地上からは1つの星に見えるが、実は数億個の恒星の固まりの銀河だという場合もある。また、流星は地上から100キ

連星の軌道

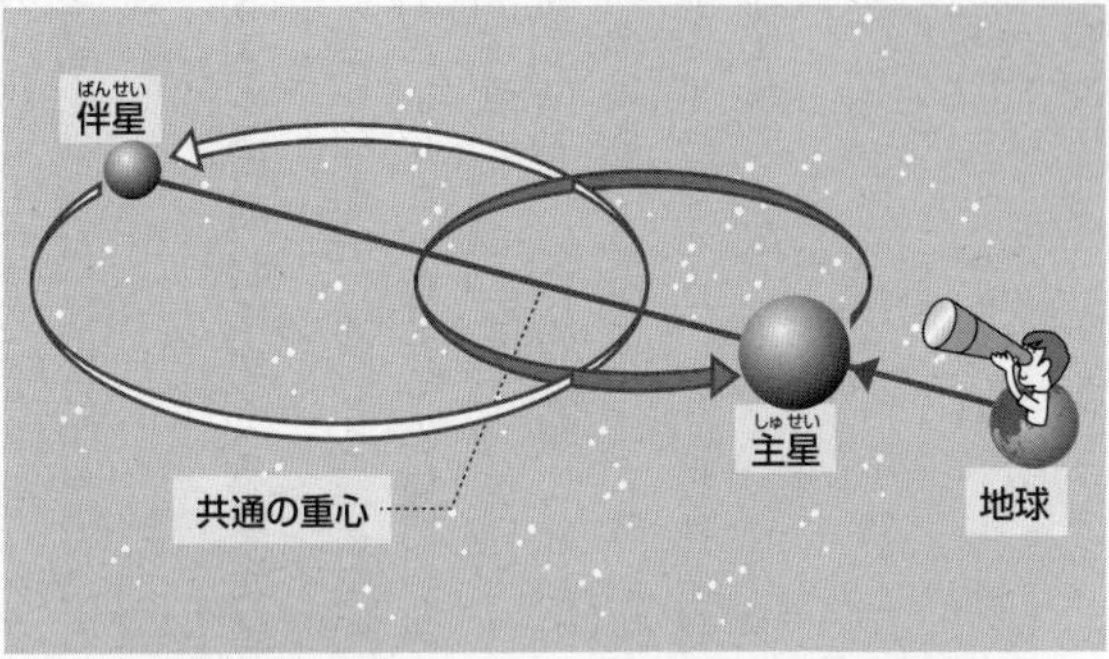

2つの星の共通の重心のまわりを回る連星。これを地球から見ると2つの星がお互いを周期的に隠し合うため、明るさが変化して見える

ロメートル程度しか離れていない大気圏内で、宇宙から飛来したチリが燃える現象だが、これも星に見える。

●互いが互いを回る連星

我々の太陽は単独で輝いている単独星だが、宇宙には2つ、あるいは3つの太陽が1つの重心を中心にして回っているものがある。これを連星という。

連星には、望遠鏡をのぞくことでそれがわかる実視連星と、スペクトル観測によって、はじめて識別できる分光連星がある。また、連星のなかには、ペアの星がお互いを周期的に隠し合うため、明るさが変わるものもあり、これは食連星と呼ばれる。

空を見上げただけでは気付くことはないが、夜空の星のうち、約25%が連星だといわれる。

●明るさを周期的に変える変光星

明るさが周期的に変わる恒星を変光星と呼ぶが、これには爆発星、脈動星、回転星、激変星など、数多くの種類がある。また、先ほど解説した、お互いを隠し合って明るさを周期的に変える食連星もこの仲間とされる。

脈動星はさらに13の種類に分類されるが、そのなかのセファイド変光星は、変光の周期の長さによって、明るさが決まるという性質を持つ。地球からある銀河までの距離を求めるとき、この特性が利用できるため、セファイド変光星は宇宙の灯台とも呼ばれている。

宇宙の構造と天体④

重さによって変わってくる恒星の一生

●重い星ほど寿命は短い

恒星にはそれぞれに寿命があり、いつまでも同じように輝き続けるわけではない。そして、その寿命は恒星の重さで変わってくる。

我々の太陽の0・08倍程度までの軽い星の場合、水素の核融合が十分行われず、さほど輝きもせず褐色の星になってしまう。これを褐色矮星という。重さが太陽の0・08～4倍程度の星は、核融合が十分に行われた後に膨張し始め、赤色巨星となり、さらに白色矮星を経て、黒色矮星として一生を終える。核融合で安定して輝いている星は主系列星と呼ばれるが、太陽程度の星が主系列星でいられるのは、100億年程度である。

重さが太陽の4～8倍の星はおよそ数億年、主系列星として輝いた後に猛烈に膨れあがり、赤色超巨星となり、やがて超新星爆発を起こす。このとき星は粉々になり、恒星がつくった元素を宇宙にまき散らす。そして、後には何も残らない。

重さが太陽の8〜30倍の星の場合、数千万年、主系列星として輝き、超新星爆発を起こす。物質をまき散らした後は、中性子星《ちゅうせいしせい》（84ページ参照）という非常に重たい星になる。

重さが太陽の30倍以上の星の場合、数百万年という短寿命で超新星爆発を起こす。その後、中性子星となるが、すぐに自らの重さで潰れてしまい、ブラックホール（87ページ参照）となってしまう。

恒星の一生

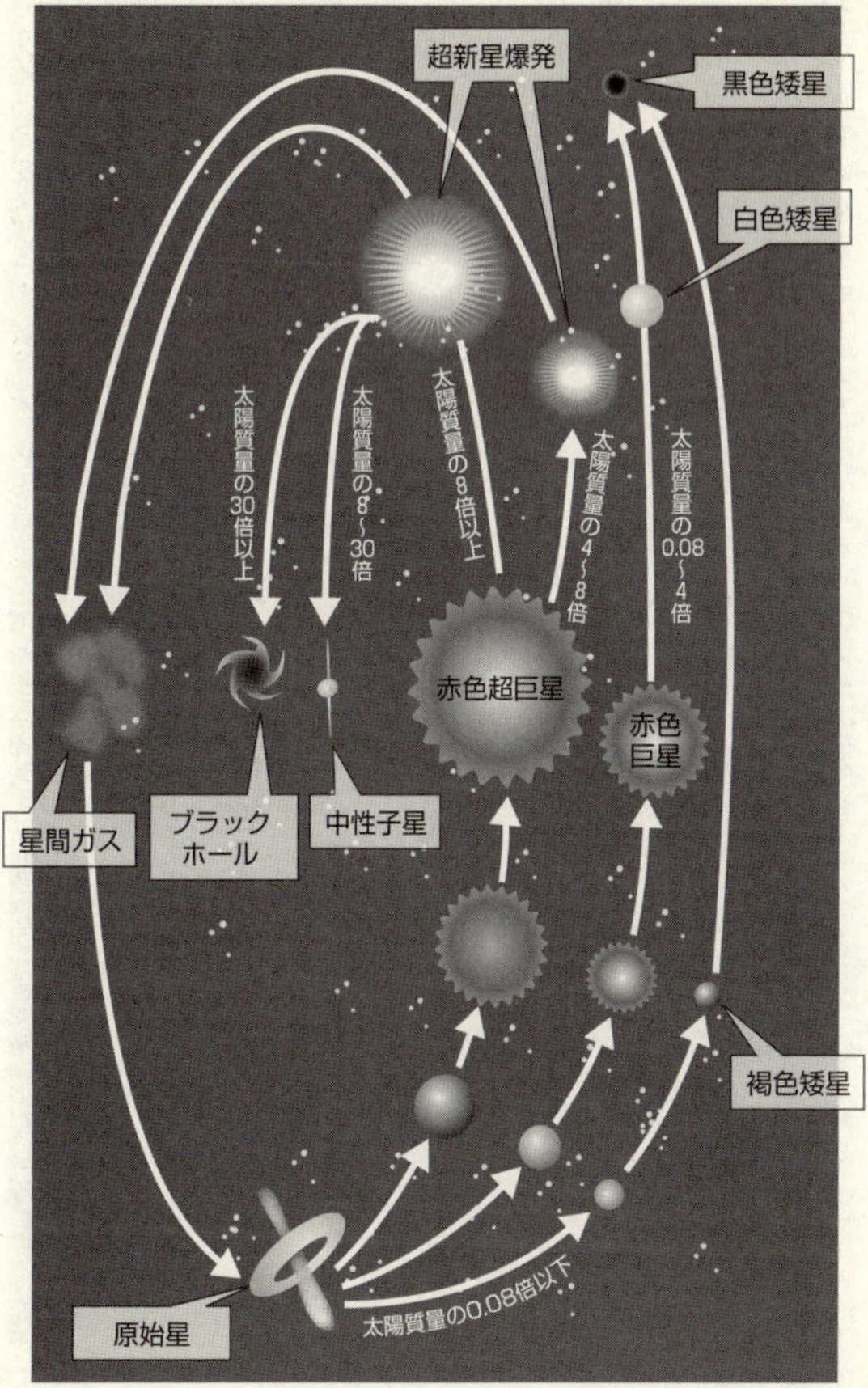
超新星爆発
黒色矮星
白色矮星
太陽質量の30倍以上
太陽質量の8〜30倍
太陽質量の8倍以上
太陽質量の4〜8倍
太陽質量の0.08〜4倍
赤色超巨星
赤色巨星
星間ガス
ブラックホール
中性子星
褐色矮星
原始星
太陽質量の0.08倍以下

中性子星の誕生と、その性質

●質量が太陽の8～30倍の星の死で生まれる中性子星

星が核融合を起こして燃えることで、タマネギ構造ができ上がり、さまざまな重い元素が内部につくられることは44ページで解説した。

太陽の8～30倍程度の重さの星は、その中心に鉄が生まれて、蓄積され始めると、そろそろ寿命である。星の最期、超新星爆発を起こし、コアのまわりの物質は、宇宙空間に向かって、四方八方に吹き飛ばされるのである。ところが中心部にある鉄でできたコアは、爆発の反動によって逆に圧縮されることになる。こうして押しつぶされた鉄の塊が、太陽の重さの1・46倍以上になると、その圧力で原子核が破壊され、大きな原子核となる。同時に、原子核中の陽子が電子を吸収、ニュートリノを放出して、中性子に変わる。ニュートリノは宇宙空間に飛び出すので、後には大量の中性子の塊《かたまり》が残される。これが中性子星である。

中性子星はふつう半径十数キロメートル程度の小さな天体だが、重さは太陽の2

中性子星（パルサー）

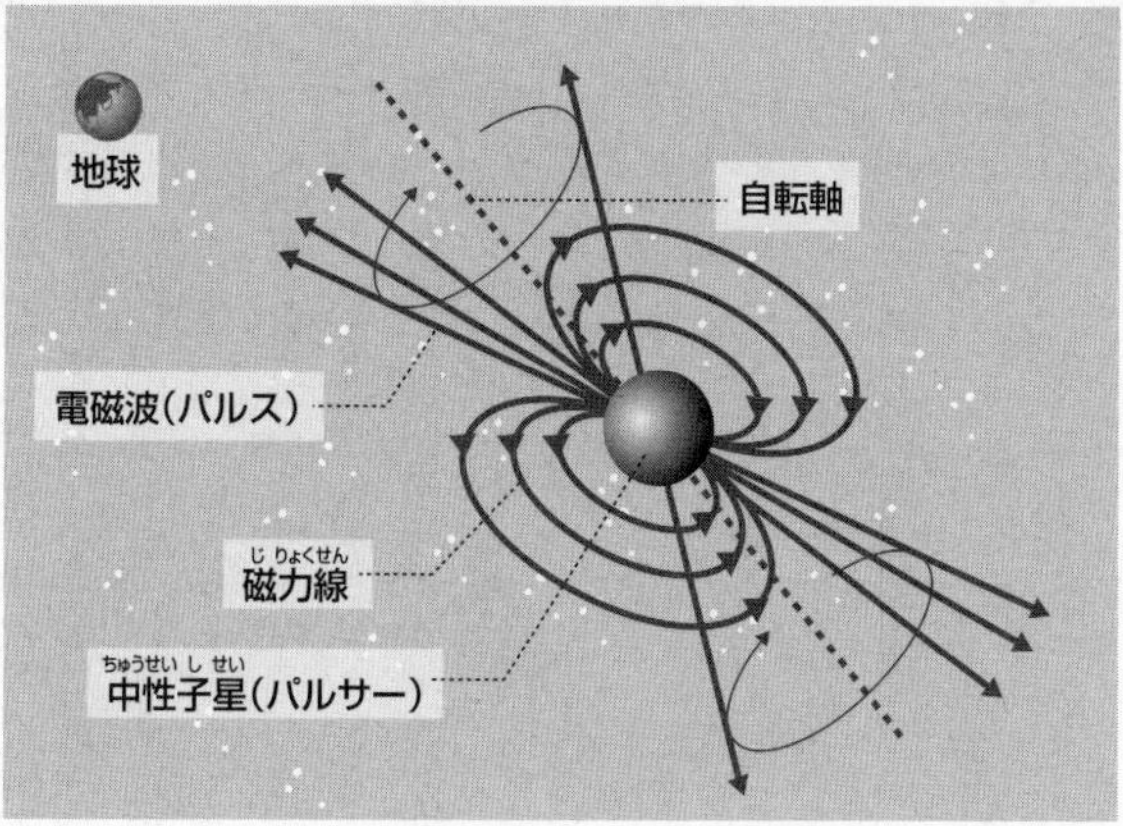

倍以上になる。角砂糖大のわずかなかけらでも、5トン以上の重さになる計算だから、大変な密度である。

中性子星の存在は、中性子が発見された1932年の2年後、すでに予測されていたが、当時これを信じる学者は少なかった。

●パルサーの正体は？

1967年、一定間隔で電磁波を発する不思議な天体が発見された。その間隔が1・33730109秒と、あまりにも規則正しく正確なので、当初は宇宙人からの信号だと考えられたほどである。この天体はパルサーと名づけられたが、正体はしばらくわからなかった。

パルサーが、以前から予想されていた中性子星だと判明したのは、パルサー発見の翌年の1968年である。中性子星はきわめて密度が高いため、強力な磁場を持つ。そして、これが回転すると、一定間隔の電磁波となって、宇宙に放出されるわけだ。

こういった性質を持つパルサーはその後、次々と発見され、現在では1600個以上が確認されている。ちなみにNASAの惑星探査機パイオニアに積まれた金属板には、地球から見た14個のパルサーの方向とパルスの周期が書かれている。これによって地球の位置が示されるわけだ。

宇宙の構造と天体⑥

暗黒の天体ブラックホール

●相対性理論で予言されていた天体

わずかな体積で大きな質量を持ち、周辺を通過する物体を何でも呑み込んでしまう天体、ブラックホール。その重力からは、物質はもちろん、光さえも逃げ出せない。現在、こういったブラックホールがいくつも発見されているが、1960年代までは実在さえも定かでなかった。それでもSF小説などで描かれていたのは、その存在が一般相対性理論（144ページ以降参照）で予言されていたからである。

一般相対性理論では、質量を持つ物体は、重力によって時間と空間をゆがめるのだと説明される。そばを通る物体が、質量の大きな物体に引き込まれるのは、このゆがみに沿って直進するからである。ところで、質量があまりに大きく、時空のゆがみが無限大になったとしたらどうなるか。そこからは光の速度でも脱出できず、入ったものは再び外に逃げ出せないに違いない。これを計算で導いたのがシュヴァルツシルト（1873～1916）である。彼はさらに、どのくらいの質量の物体

ブラックホールと時空のゆがみ

3次元空間を2次元におきかえて、ブラックホールと空間の関係を示した。

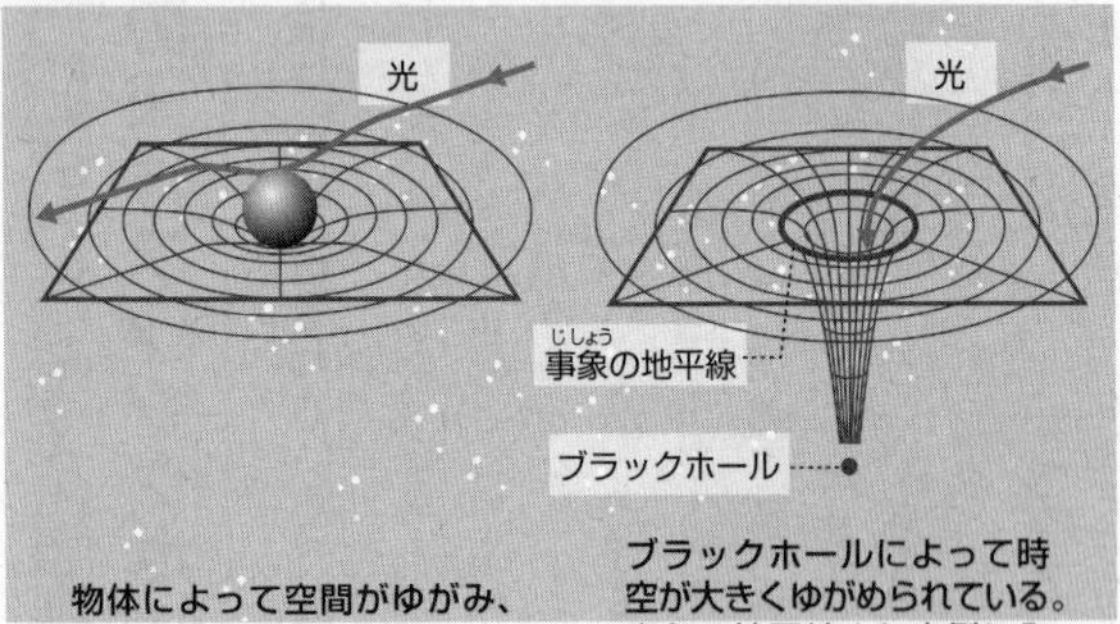

物体によって空間がゆがみ、光はゆがみに沿って進む。

ブラックホールによって時空が大きくゆがめられている。事象の地平線より内側に入ったものは光といえども抜け出すことはできない。

を、どこまで圧縮したらブラックホールになるかを計算で求めた。そして、個々のブラックホールにある、それより中に入ると光が抜け出せなくなる境界を算出し、これを「事象の地平線」とした。また、この半径は現在、「シュヴァルツシルト半径」と呼ばれている。ちなみに地球を圧縮してブラックホールをつくると、シュヴァルツシルト半径は9ミリメートルになる。

●ブラックホールの種類と誕生

ブラックホールは現在、大中小の3種類のものが知られている。

1つ目は、銀河の中心にあるといわれる巨大なブラックホールで、その質量は太陽の4000万倍とされる。ただし、これは誕生のメカニズムがわかっていない。銀河誕生時に中心部が重力崩壊してできた、あるいは銀河の中心で大質量の星が衝突、合体してできたなどの説があるが、いずれも仮説である。

2つ目は、太陽の10倍程度の質量を持つ中規模のもので、最もよく研究されている。これは太陽の30倍以上の重さの星の超新星爆発によって生まれる（82ページ参照）。

3つ目は、重さ10億トン、直径10^{-11}メートル程度のミニブラックホールである。これは宇宙誕生時の密度のゆらぎによって生まれると予測されているが、現時点ではまだ発見されていない。

我々の銀河系と太陽系①

我々の銀河系「天の川銀河」

●謎の多い「天の川銀河」

天気のよい夜、都心から離れた暗い場所で空を見上げると、うっすらと白い帯が見える。ご存じのとおり天の川だが、これは我々の太陽系が属している銀河系の姿でもある。

2000億もの星の集団である我々の銀河系「天の川銀河」は、凸レンズのような円盤状で、直径は約10万光年。4~5本の腕によって渦巻きがつくられているが、銀河全体の姿は渦巻銀河とも、棒渦巻銀河ともいわれ、定かではない。

銀河中央の直径1万5000光年ほどのバルジと呼ばれるふくらみには、生まれてから数十億年を経た、古い星たちが多いといわれる。バルジのさらに中心部には、直径10光年ほどの星やガス、チリが濃密な部分があり、非常に強い電磁波が放出されている。また、この中心核は秒速100キロメートルという高速で自転しているとも、ブラックホールであるともいわれている。

天の川銀河系

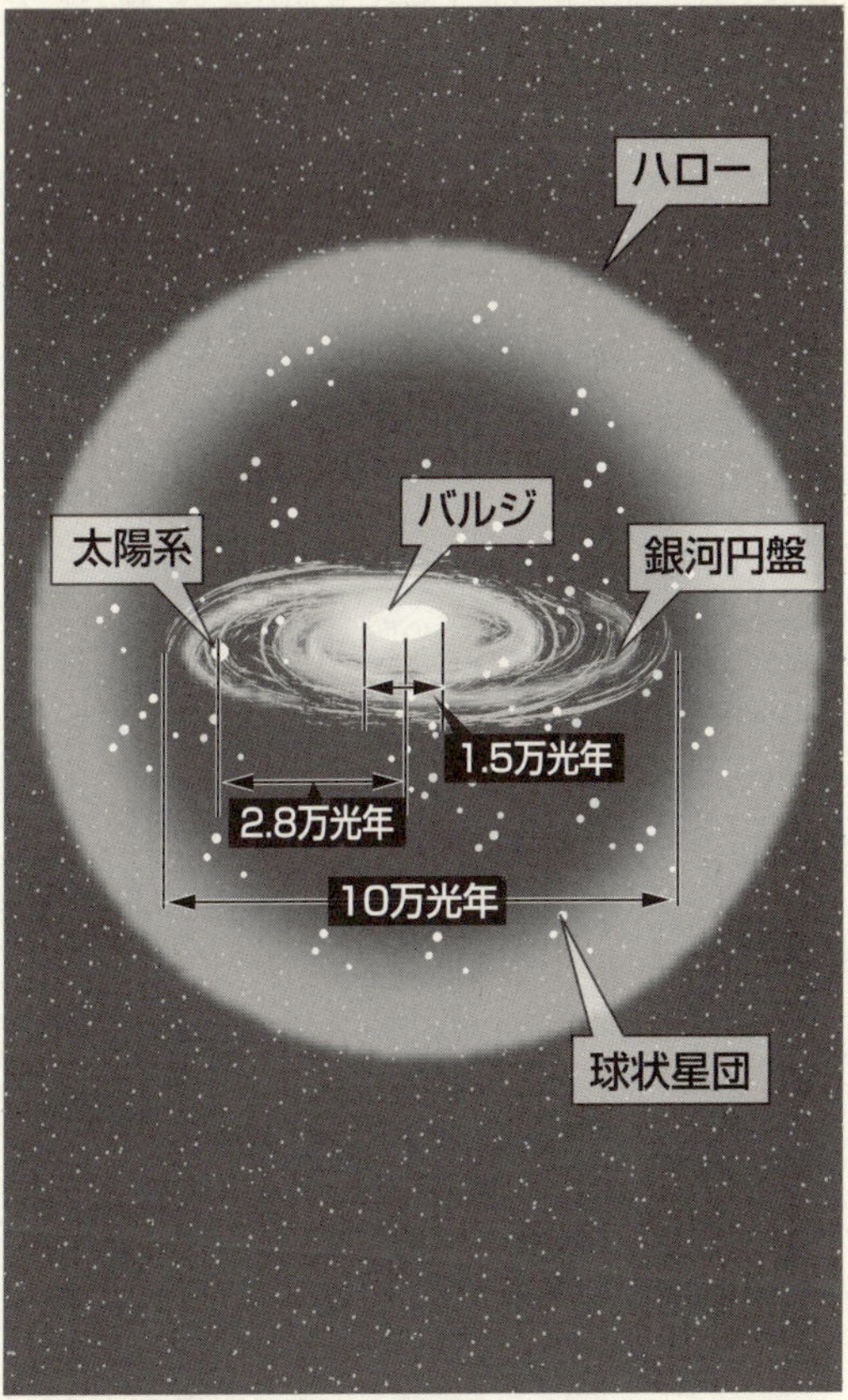
ハロー
バルジ
太陽系
銀河円盤
1.5万光年
2.8万光年
10万光年
球状星団

一方、銀河の円盤はハローと呼ばれる球状の領域に取り囲まれ、その大きさは数十万光年におよぶ。

なお、我々の太陽系は銀河の中心から約2万8000光年の距離に位置し、オリオン腕と呼ばれる銀河の腕に含まれる。そして、腕とともに毎秒約220キロメートルで銀河系を回る。銀河1周に約2億5000万年かかることから、太陽系は誕生から現在までに約20周、銀河を回ったと考えられている。

我々の銀河系と太陽系②

我々の太陽系の天体

●太陽系を概観する

太陽系は、恒星である太陽を中心として、8つの惑星とその衛星、無数の小惑星、EKBO《エクボ》（エッジワース・カイパーベルト天体）、さらには彗星の生まれ故郷といえる「オールトの雲」などから構成されている。

8つの惑星は、太陽に近い方から水星、金星、地球、火星、木星、土星、天王星、海王星の順であり、内側の4つは地球型惑星、外側の4つは木星型惑星と呼ばれる。地球型惑星はみな小型であり、岩石質という特徴を持つ。

一方、木星型惑星はさらに、巨大ガス惑星（木星と土星）と巨大氷惑星（天王星と海王星）に分けることができる。両者とも、その中心は氷や岩石からできているが、前者は周囲に厚いガス層を持ち、後者のガス層はさほど厚くはない。

火星と木星の間にある小惑星帯には、ケレス（準惑星でもある）をはじめとする直径1000キロメートル以下の小惑星が数十万個存在。また、海王星より外側にあ

太陽と8つの惑星たち

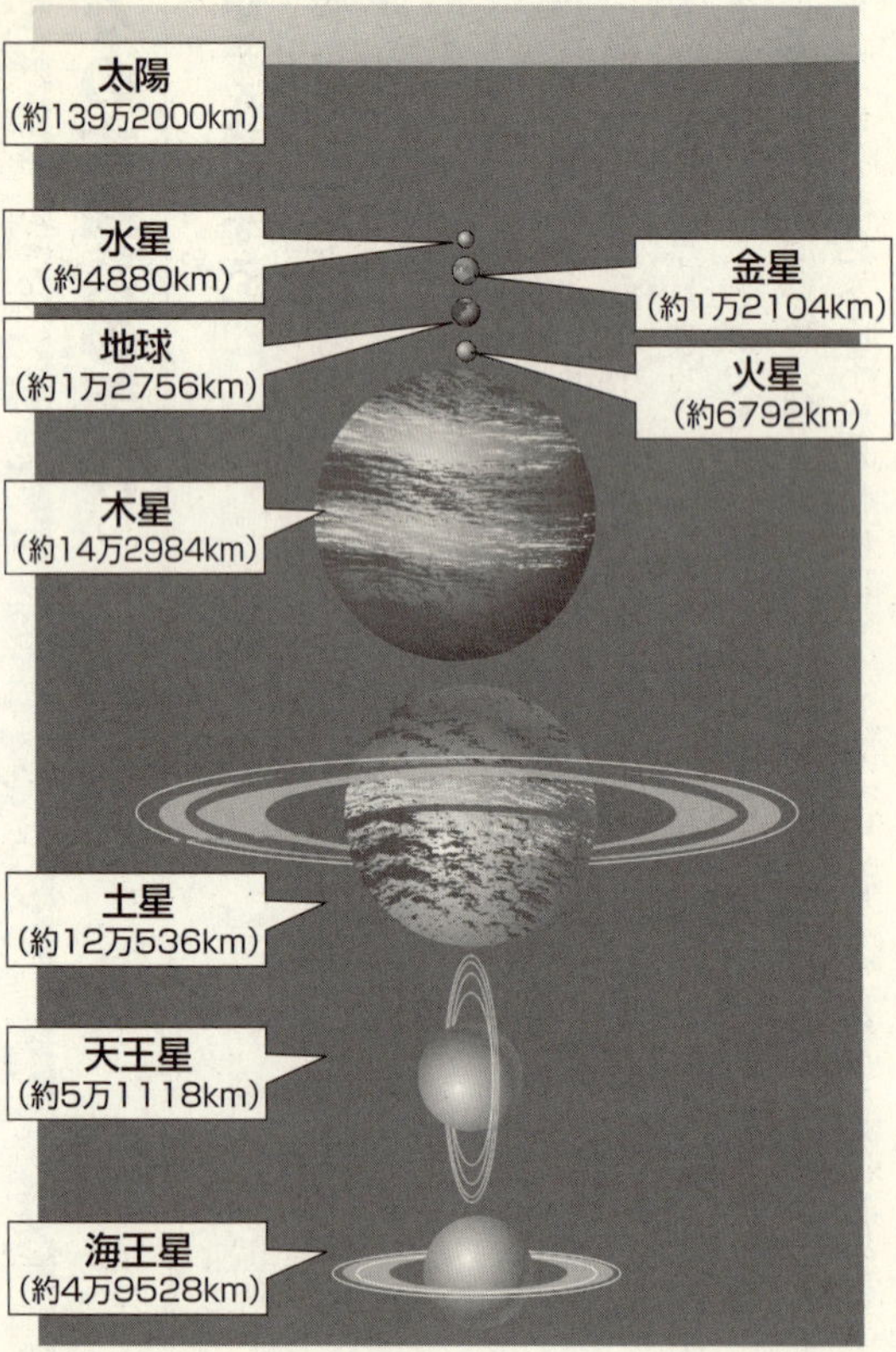

太陽と太陽系の8つの惑星の大きさを比較した。
( )内は直径

るＥＫＢＯには、冥王星（準惑星）やエリス（準惑星）などをはじめとする天体が、現在1000個以上発見されている。

さらにこれより外側の、太陽から1・5兆～15兆キロメートルの範囲には、オールトの雲と呼ばれるガスやチリが、太陽系を球状に取り巻いている。彗星はこの雲のなかで誕生するといわれ、現在も5～6兆個の彗星が潜んでいるといわれている。

我々の銀河系と太陽系③

2400億気圧、1500万Kの核融合炉

●太陽系の質量の99・86%は太陽である

太陽系の物理的中心であり、太陽系で唯一の恒星である太陽は、太陽系の全質量の99・86%を占める巨大な天体でもある。これほどの大きな質量を持つからこそ、太陽は太陽系の他の天体をつなぎ止めることができるのである。

●太陽の内部構造と表面はこうなっている

太陽の内部を見てみると、内側から中心核（コア）、放射層、対流層、光球となっている。

中心核は、太陽の球心から半径約10万キロメートルの領域であり、気圧は2400億気圧、温度は1500万Kにも達する。ここには水素原子核が押し込められており、ここで起こるヘリウム原子核への核融合が太陽のエネルギーの源となっている。

太陽のプロフィール

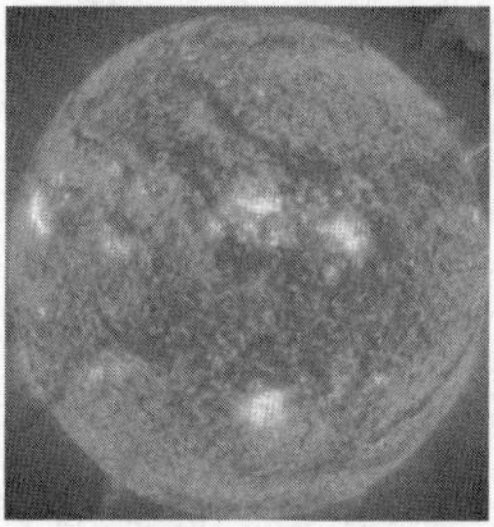

太陽からの距離	―
太陽からの距離（地球=1）	―
大きさ（赤道直径）	139万2000km
大きさ（地球=1）	109.125
質量（地球=1）	33万2946
自転周期	25.38日
公転周期	―
重力（地球=1）	28.01
密度	1.41kg/m³
赤道傾斜角	7.25
衛星の数	―

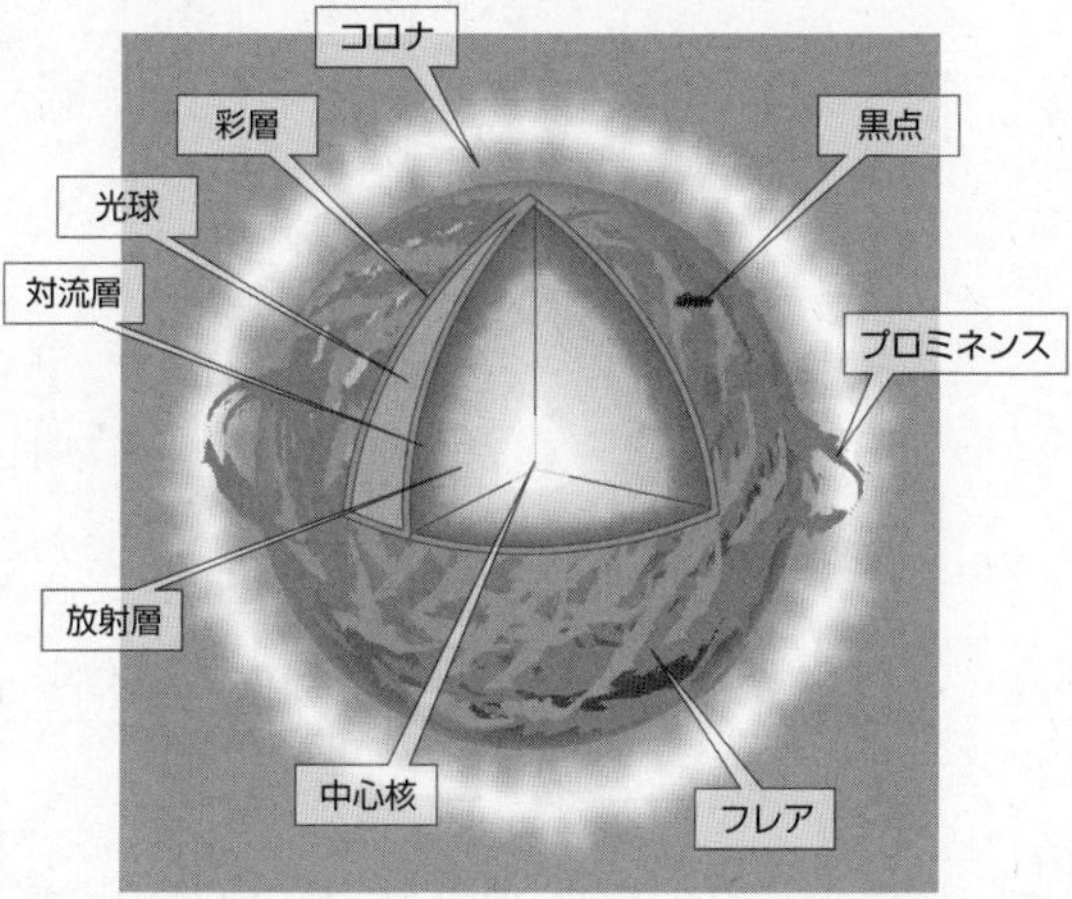

中心核で生み出されたエネルギーは放射層をゆっくりと伝わり、対流層へ移動。さらに対流層の対流によって表面の光球へと伝わり、宇宙空間へと放射される。光球の温度は約6500Kである。

光球のまわりには彩層という薄いガス層があり、さらにこれをコロナと呼ばれる大気層が覆う。コロナは太陽で最も熱く、その温度は100万K以上に達する。また、彩層やコロナでは、フレアと呼ばれる爆発現象や、プロミネンスと呼ばれる炎の噴き上がりが頻繁に起きる。一方、対流層の動きによって太陽には磁場が生まれるが、この磁場の影響で、光球の温度が冷え、黒く見えるのが黒点である。

地球型惑星とその衛星①

太陽に最も近い第1惑星＝水星

●太陽に近く、観測が難しい謎の惑星

水星は太陽系の8つの惑星のうち、最も小さい惑星である。また、最も太陽に近いため、地球からは日の出前か日没直後のわずかな時間しか観測ができない。そのため以前は、謎の惑星とされていた。水星の素顔が明らかになったのは1974年、NASAのマリナー10号の観測によってである。

●温度差が激しく、クレーターだらけの惑星

水星の表面は無数のクレーターに覆われ、大気はほとんどない。そのため、大地は熱しやすく、冷えやすい。赤道付近の日中の温度は430℃、夜はマイナス170℃と、昼夜の温度差はなんと600℃にも達するのだ。また、その核には鉄やニッケルなどの金属が多いため、星の平均密度は、地球に次いで第2位となっている。

水星のプロフィール

太陽からの距離	5790万km
太陽からの距離（地球=1）	0.387
大きさ（赤道直径）	4880km
大きさ（地球=1）	0.383
質量（地球=1）	0.055
自転周期	58.65日
公転周期	87.97日
重力（地球=1）	0.38
密度	5.43kg/m^3
赤道傾斜角	0
衛星の数	0

水星は自転周期が約59日、公転周期が約88日である。よって、水星は約59日で1回自転をするが、同時に公転もしているため、太陽と水星の関係を見たときの実質は、3分の1日にしかならない。水星は3回自転すると、同時に公転2回をすることになるが、このとき、はじめて1日がたつのだ。

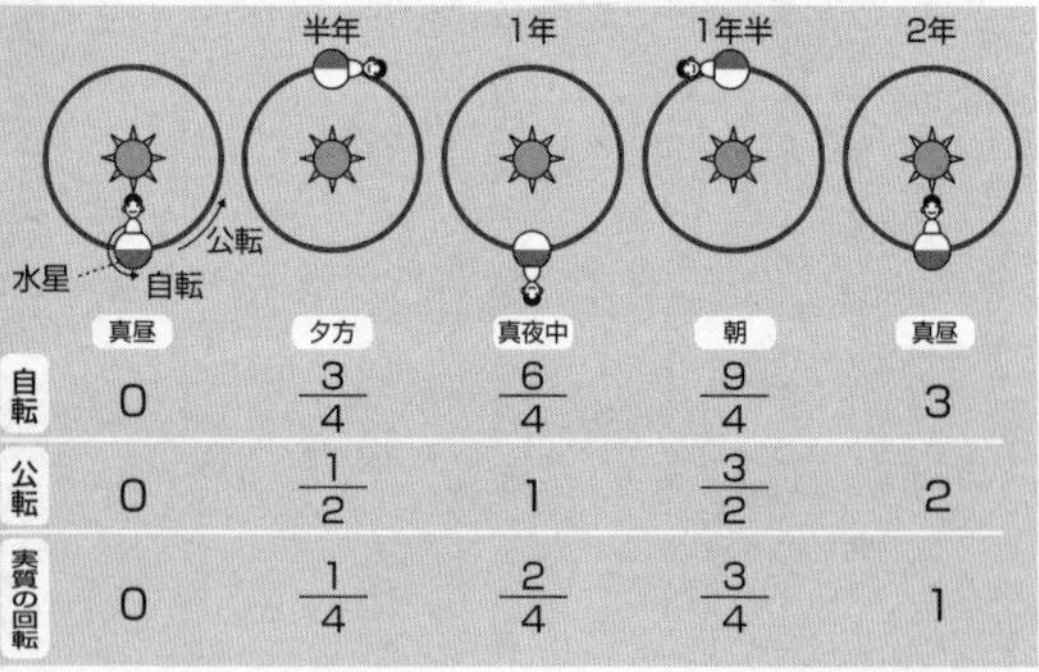

	真昼	夕方	真夜中	朝	真昼
自転	0	$\frac{3}{4}$	$\frac{6}{4}$	$\frac{9}{4}$	3
公転	0	$\frac{1}{2}$	1	$\frac{3}{2}$	2
実質の回転	0	$\frac{1}{4}$	$\frac{2}{4}$	$\frac{3}{4}$	1

単位（回転）

●半日で1年がたってしまう惑星

水星は地球の約59日をかけて1回の自転をする。しかし、だからといって単純に水星の1日が、地球の59日間であるとはいえない。1日とは、太陽が最も高く昇る南中から、次の南中までの間隔をいう。水星の自転周期は59日であるが、これが公転周期の88日と重なり合うことで、南中から南中までの間隔は176日となる。つまり、水星の1日は地球の176日であり、水星の1年は地球の88日となるわけだ。よって水星では、半日で1年がたち、1日で2年がたってしまうのである。

地球型惑星とその衛星②

鉛やスズも溶ける灼熱の第2惑星＝金星

●分厚い雲の下は480℃という灼熱地獄

夕方、陽が沈んで最初に現れる一番星。それは多くの場合、金星である。金星は月の次に地球に近く、一等星の100倍も明るい。ただし、金星は太陽に近すぎるため、見られる時間には制限がある。古来「宵の明星」「明けの明星」といわれるように、日没、あるいは日の出のわずかな時間だけなのである。

このように古くから人類に身近な金星だが、大気の成分や、温度といった星の基礎データがわかったのは意外に最近である。金星は厚い雲に覆われており、望遠鏡などでは陸地の様子を窺《うかが》い知ることができなかった。

1960年頃の科学者たちは、金星は地球に近く、大きさも地球と同じぐらいであることを根拠に、金星は比較的、地球に似た惑星だと考えていた。

1960年代後半、旧ソ連の探査機が金星に到達して、これが見事に覆された。観測で金星は480℃の灼熱の世界だとわかったのだ。さらにその後の調査で、金

金星のプロフィール

太陽からの距離	1億820万km
太陽からの距離（地球=1）	0.723
大きさ（赤道直径）	1万2104km
大きさ（地球=1）	0.949
質量（地球=1）	0.815
自転周期	243.02日（逆行）
公転周期	224.70日
重力（地球=1）	0.91
密度	5.24kg/m³
赤道傾斜角	177.4
衛星の数	0

星の大気は90気圧におよび、厚い濃硫酸の雲が覆う空には、秒速100メートルの強風が吹いていることが判明した。金星は地球に似ているどころか、まったく正反対の死の世界だったわけだ。

●西から昇ったお日さまが東に沈む

太陽系は、太陽のまわりを反時計回りに渦巻くガスやチリの円盤がもとになって誕生した。その成り立ちを考えれば、惑星は公転も自転も反時計回りであるのが自然であり、実際、すべての惑星は反時計回りに公転しているし、ほとんどの惑星は反時計回りに自転している。

ところが、金星は例外で、自転が時計回りなのである。このように、惑星や衛星が本来とは逆の方向に回ることを逆行という。金星がなぜ逆行しているのかは、よくわかっていないが、巨大な隕石が衝突したために、軸が傾いたのだという説が有力である。また、天王星の場合、逆行とまではいえないが、太陽に頭を向け、寝ころぶように自転している。こちらも隕石によって、軸が傾いたという説が有力だ。

ところで、逆行して自転する金星では、太陽が西から昇り、東に沈む。もっとも金星は自転周期が243日（逆行）と非常に遅い。また、公転周期が225日（順行）であることを考えあわせると、金星の1日は地球の117日となる。

地球型惑星とその衛星③

生命と水をたたえた緑の第3惑星＝地球

●水の惑星地球

我々人類が住む地球の大きな特徴は、表面の71％が海で覆われている水の惑星であることだ。水があったからこそ生命が生まれ、現在、人類が繁栄しているわけだが、実をいうと長期間にわたって惑星に水があり続けるのは、奇跡的なことなのだ。

火星には過去に大量の水があったことがわかっている。また、金星にも水があったとする説が有力である。しかし現在、両惑星の表面に大量の水はない。すべて消えてしまっている。

では、どうして地球には水があり続けるのか。これは太陽や地球、大気などの絶妙な組み合わせの上に成り立っている。例えば、太陽からやってくるエネルギーと地球の反射率。地球大気の温室効果による気温の安定化。あるいは、地球の大気圧と水の沸点とのバランス。これらの組み合わせによって、地球には長らく水が、液

地球のプロフィール

太陽からの距離	1億4960万km
太陽からの距離（地球=1）	1.000
大きさ（赤道直径）	1万2756km
大きさ（地球=1）	1.000
質量（地球=1）	1.000
自転周期	0.997日
公転周期	365.26日
重力（地球=1）	1.00
密度	5.52kg/m³
赤道傾斜角	23.44
衛星の数	1

地球の内部構造

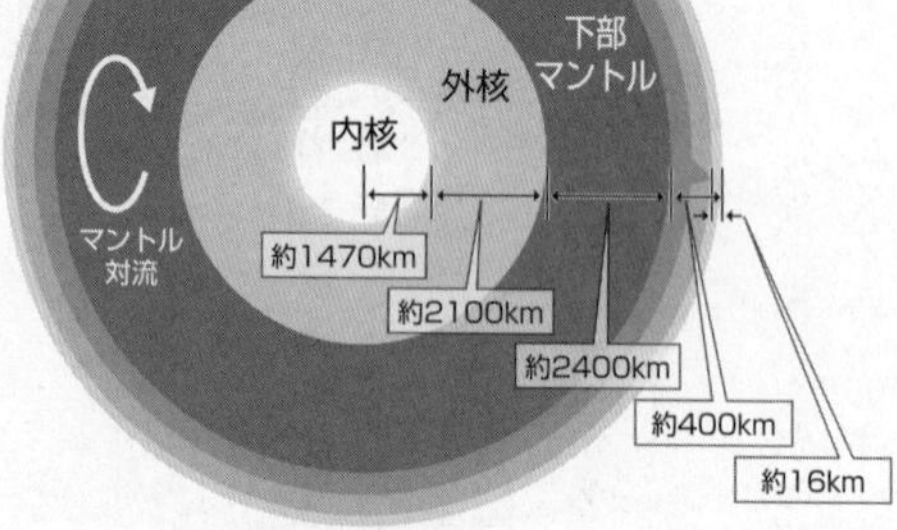

体としてとどまっていられるのである。

●地球の内部構造を探る

地球の内部は、内側から内核、外核、下部マントル、上部マントル、地殻が積み重なり、層になっている。これらはいずれも固体だが、マントルには流動性があり、核からの熱を受け、長い時間をかけて対流する。このマントル対流が地殻上のプレートを動かし、山脈や海溝をつくり、大陸を移動させる。こういう考えがプレートテクトニクス仮説である。

地球型惑星とその衛星④

地球が持つただ1つの衛星＝月

●月の探査で、地球の過去を知る

月は地球の唯一の衛星であるとともに、人類が到達した唯一の地球外の星でもある。また、月には地球や月が誕生した46億年前の隕石がたくさん残っている。大気や水のある地球と違い、月ではこれらが風化しなかった。よって、月には地球の過去を知るさまざまな手がかりが残っているのである。

●月は毎年、地球から離れていく

月の直径は地球の約4分の1であり、太陽系の衛星のなかで、惑星に対する大きさが最も大きい衛星である。また、絶対的な大きさでも、月は太陽系の衛星のなかで5番目に大きい。そのため、月が地球に与える影響も大きい。例えば、地球の潮の満ち引きは月の引力によってもたらされる。地球で潮の満ち引きが最も大きくなる大潮は、太陽と地球と月が一直線上に並んだときに起きるのだ。

月のプロフィール

太陽からの距離	ー
太陽からの距離（地球=1）	ー
大きさ（赤道直径）	3476km
大きさ（地球=1）	0.272
質量（地球=1）	0.012
自転周期	27.3217日
公転周期	27.3217日
重力（地球=1）	0.17
密度	3.34kg/m³
赤道傾斜角	6.67
衛星の数	ー

月によって潮の満ち引きが起きる

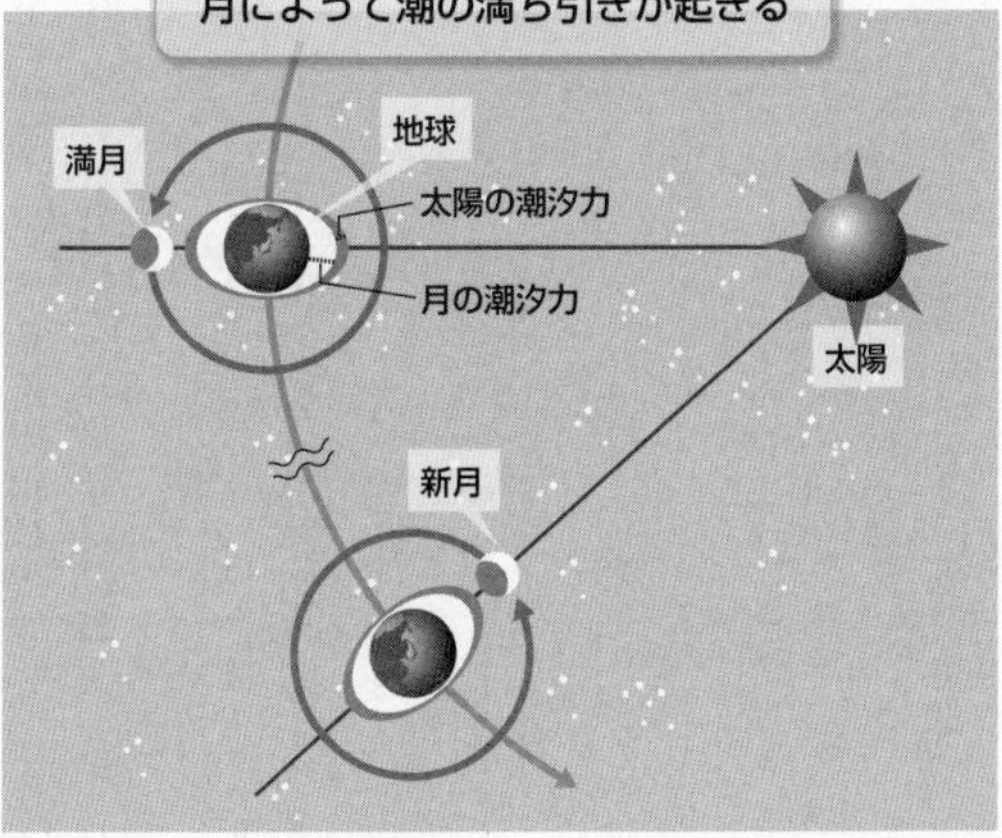

ところで、月による潮汐《ちょうせき》は、海水と地表の間に摩擦を生じさせる。これによって地球の自転速度は徐々に遅れているのである。実際、6億年前の地球の1日はおよそ22時間であり、1年は約400日もあった。これとは逆に10億年後の将来、1日はおよそ31時間になると予測されている。

また潮汐の影響で、月は年に3・4センチメートルずつ地球から遠ざかっている。現在、地球と月の距離は約38万キロメートルだが、10億年後には約41万キロメートルになると予想されている。

地球型惑星とその衛星⑤

かつては水があった第4惑星＝火星

●最も地球に似た惑星

半径こそ地球の半分程度だが、火星には地球との共通点が多い。例えば、1日が約24時間であることや、自転軸（赤道傾斜角）が地球とほぼ同じくらい傾いているため、四季があること。また、地殻の主成分がケイ酸塩であることなどだ。

また、現在は地球の150分の1しかない大気だが、過去には主に二酸化炭素と水蒸気からなる大気が火星を覆っていたと考えられている。さらに、2004年に火星に降り立ったローバー探査機、スピリットとオポチュニティの探査によって、水がなければできようのない岩石や地層などが、火星には存在することがわかった。その昔、火星には海があったことがほぼ確実なのだ。

●フォボスとダイモス

火星はフォボスとダイモスという2つの衛星を持つ。フォボスは長径が27キロメ

火星のプロフィール

太陽からの距離	2億2790万km
太陽からの距離（地球=1）	1.523
大きさ（赤道直径）	6792km
大きさ（地球=1）	0.532
質量（地球=1）	0.107
自転周期	1.026日
公転周期	686.98日
重力（地球=1）	0.38
密度	3.93kg/m³
赤道傾斜角	25.19
衛星の数	2

ローバー探査機スピリットとオポチュニティ

ートルのジャガイモ型で、火星の上空６０００キロメートルを周回している。一方のダイモスはラ・フランスのような形で、長径が15キロメートル。こちらは火星上空２万キロメートルを回る。興味深いのは、この２つの衛星の行く末で、フォボスが徐々に火星に近づき、ついには火星の赤道上に墜落するのに対し、ダイモスは徐々に火星を離れ、最後には宇宙空間に飛び出してしまう。対照的な２つの衛星だが、両者はその昔１つであり、これが分裂したものだと考えられている。

太陽系最大の第5惑星＝木星

●太陽になれなかった星

太陽系の天体のなかで、太陽に次ぐ大きさを誇る巨大ガス惑星が木星である。ところで、木星の主成分であるガスは、水素とヘリウムが大部分であり、この組成は太陽とそっくりである。それなのにどうして、木星は太陽のように光り輝かないのか。実は重さが足りなかったのである。

星が光り輝くには、内部で核融合が起こらなければならない。しかし、それにはまず中心核の温度が約１０００万Kに達する必要がある。太陽のような星は、自らの重さで内部が圧縮され、温度が上がるのだが、木星はそこまで重くない。木星の質量は地球と比べると３１８倍もあるが、太陽と比べれば１０００分の１程度でしかない。木星が星として光り輝くには、少なくとも現在の80倍の質量が必要だったといわれる。そうであれば、我々の太陽も連星（79ページ参照）となっていただろう。

木星のプロフィール

太陽からの距離	7億7830万km
太陽からの距離（地球＝1）	5.203
大きさ（赤道直径）	14万2984km
大きさ（地球＝1）	11.209
質量（地球＝1）	317.83
自転周期	0.414日
公転周期	11.86年
重力（地球＝1）	2.37
密度	1.33kg/m³
赤道傾斜角	3.1
衛星の数	63

木星の主な衛星

	直径(km)	軌道長半径(万km)	公転周期(日)
アマルテア	168	18.1	0.498
イオ	3642	42.2	1.769
エウロパ	3130	67.1	3.551
ガニメデ	5268	107.0	7.155
カリスト	4806	188.3	16.69
ヒマリア	170	1146.1	249.7
リシテア	36	1171.1	257.0
エララ	80	1174.1	258.0
パシファエ	60	2362.4	764.1
シノーペ	36	2393.9	769.8

●雲の反射によってできる美しい縞模様

木星の表面には独特の縞模様《しまもよう》があるが、この正体はアンモニアや硫化アンモニウムの雲である。ちなみに光をよく反射する明るい部分は「帯」、あまり反射しない暗い部分は「縞」と呼ばれる。また、木星は自転が約10時間と速く、雲が流れやすいので、きれいな縞模様ができる。地球の倍ほどの大きさの「大赤斑《だいせきはん》」はこういった縞模様のなかでもとりわけ美しく、木星のシンボルだといえる。

木星型惑星とその衛星②

個性豊かな4つのガリレオ衛星

●1610年に発見された4つの衛星

太陽系最大の惑星である木星は、従える衛星数も多く63個（2009年5月現在、このうち命名されているものは49個）を数える。なかでも1610年にガリレオ・ガリレイ（1564〜1642）が発見した、イオ、エウロパ、ガニメデ、カリストの4つはとくにガリレオ衛星と呼ばれる。これらは、その大きさが水星や月などに匹敵するばかりでなく、さまざまな特徴を持つ魅力ある天体であり、数多くの観測や研究が進んでいる。

●活火山を持つイオ

1979年、NASAの探査機、ボイジャー1号が木星の衛星イオで驚くべきものを発見した。活火山である。イオは直径が3642キロメートルだから、大きさは月とさほど変わらない。この程度の大きさの天体はすぐに冷えてしまうので、誰も活火山が存在するとは思っていなかったのだ。

それでもイオには活火山が燃えさかっている。このエネルギーの源は潮汐力である。次ページ図中の木星の衛星、イオ、エウロパ、ガニメデの公転周期を見ていただきたい。実は1対2対4の整数比になっているのだ。つまりイオが木星を4周する間に、エウロパは2周し、ガニメデは1周するのである。するとイオはこれら衛星と巨大な木星とから、周期的に潮汐力を受けることになる。

簡単にいうと、イオは一定のリズムで押したり伸ばされたりするわけだ。針金を曲げ伸ばしすると熱が出るように、イオの火山もこの潮汐力によるエネルギーで生まれるのである。

●氷の下の海を持つエウロパ

エウロパは氷に覆われた衛星である。その氷の厚みはなんと100キロメートルにもおよぶ。ところが、1989年に打ち上げられたNASAの探査機ガリレオから送られた画像には、氷上に氷下の水が噴き出したあとが見られ、また水には硫酸マグネシウムが含まれている形跡が見られた。つまり、氷下には海があるわけで、これはエウロパに生命体が存在する可能性を示すものでもある。

ただし、太陽から遠く離れ、厚い氷の下にあるエウロパの海で、太陽エネルギー

ガリレオ衛星

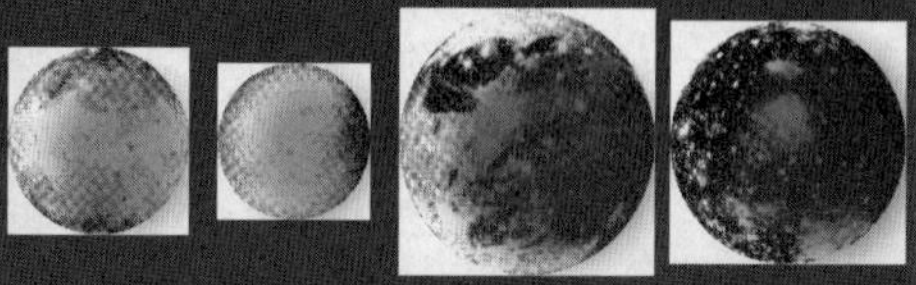

	イオ	エウロパ	ガニメデ	カリスト
直径	3642 km	3130 km	5268 km	4806 km
公転周期	1.769 日	3.551 日	7.155 日	16.689 日

は利用できない。生命が存在するとすれば、潮汐力による地殻の熱、あるいは木星から降り注ぐイオンなどをエネルギー源としているに違いない。

木星型惑星とその衛星③

太陽系の宝石と呼ばれる第6惑星＝土星

●美しいリングをつくるのは大小の氷だ

太陽系の惑星で2番目に大きい土星。その特徴は何といっても、美しいリングである。リングは幅20万キロメートルに対し、厚さわずか数十～数百メートル。構成するのは、大部分が氷の塊であり、大きさはピンポン球から自動車ぐらいといわれる。また、リングはA～G環とR／2004SIの8つに大きく分かれ、さらにカッシーニの間隙やエンケの間隙と呼ばれる隙間がある。

●ユニークなものが多い土星の衛星

土星の周りには、リングとともに64もの衛星（2009年5月現在、このうち命名されているものは53個）が回っている。

このうち最も大きいタイタンは、水星をしのぎ、太陽系の衛星のなかでは、木星の衛星ガニメデに次ぐ。また、タイタンには窒素を主成分にした1・5気圧の大気

土星のプロフィール

太陽からの距離	14億2940万km
太陽からの距離（地球=1）	9.555
大きさ（赤道直径）	12万536km
大きさ（地球=1）	9.449
質量（地球=1）	95.16
自転周期	0.444日
公転周期	29.46年
重力（地球=1）	0.94
密度	0.69kg/m³
赤道傾斜角	26.7
衛星の数	64

土星の主な衛星

	直径(km)	軌道長半径(万km)	公転周期(日)
ヤヌス	179	15.1	0.696
ミマス	398	18.5	0.942
エンケラドゥス	499	23.8	1.370
テティス	1060	29.4	1.888
ディオネ	1118	37.7	2.737
レア	1528	52.7	4.518
タイタン	5150	122.1	15.95
ヒペリオン	286	146.4	21.28
イアペトス	1436	356.0	79.33
フェーベ	220	1294.4	550.5（逆行）

が存在し、なかには、メタンやエタン、エチレンなどの有機物や、水蒸気、二酸化炭素などが含まれている。ところで、これは地球の原始大気の状態に非常によく似ている。タイタンに原始的な生物がいるのではないかと期待されているのはこのためである。

この他、同一の軌道を回るテティス、テレスト、カリプソの3衛星や、3・9年ごとにお互いの軌道を取り替えるヤヌスとエピメテウスの2衛星など、土星の衛星にはユニークなものが多い。

木星型惑星とその衛星④

横倒しで自転する第7惑星＝天王星

●メタンの大気が赤橙色を吸収

太陽系で3番目に大きい惑星、天王星は青緑色をしており、十数本の細いリングと27個の衛星（現在、すべて命名されている）を従えている。天王星が青緑色に見えるのは、大気に含まれるメタンが、赤橙色の光を吸収するためである。

天王星の大きな特徴は、軌道面に対し、自転軸が98度も傾いていることだ。よって、北極や南極付近は、公転周期である約84年が1日となる。天王星の自転軸が、なぜこれほど傾いているのかは、いまだによくわかっていない。仮説として最も有力なのは、誕生時は他の惑星同様、軌道面に垂直に自転していたが、何らかの天体の衝突によって、横倒しになったというものである。

●天王星のリングを管理する「羊飼い衛星」

天王星の衛星で最もユニークなのは、オフィーリアとコーデリアである。両衛星

天王星のプロフィール

太陽からの距離	28億7500万km
太陽からの距離（地球=1）	19.218
大きさ（赤道直径）	5万1118km
大きさ（地球=1）	4.007
質量（地球=1）	14.54
自転周期	0.718日
公転周期	84.02年
重力（地球=1）	0.89
密度	1.27kg/m³
赤道傾斜角	97.9
衛星の数	27

軌道面に対して自転軸が98度傾いているため、天王星の北極や南極では公転周期の84年がそのまま1日になる。

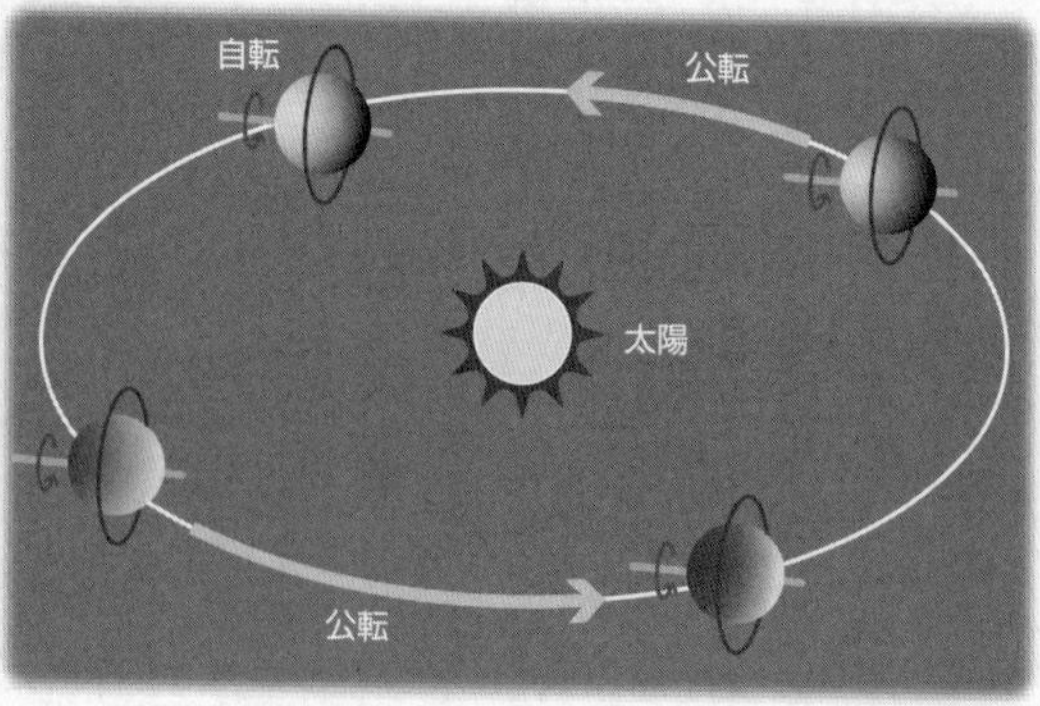

は天王星の細いリングを挟んで、外側と内側を回っているのだが、これでリングの形を保っているのである。

リング外側のオフィーリアは、リングを構成する粒子を内へ内へと追い込み、逆にリング内側のコーデリアは外へ外へと追いやる。2つの星の作用のバランスで、粒子はきれいなリングをつくっていられるのだ。オフィーリアとコーデリアは、その働きがまるで羊飼いのようであることから「羊飼い衛星」と呼ばれている。

太陽系最遠の第8惑星＝海王星

● **天王星と瓜二つな青緑色の惑星**

海王星は、大きさこそ一回り小さいが、青緑色の姿は天王星にそっくりで、両惑星はまるで双子のようである。海王星が青緑に見える理由も天王星と同じく、大気中のメタンが原因だ。

ただし海王星の場合、自転軸は28・3度の傾斜であり、天王星のように横倒しになってはいない。この傾きは比較的地球に近いが、そのため地球と同様、四季が生じるようである。また、海王星は4本の細いリングと13の衛星（現在、すべて命名されている）を従えている。

● **逆行衛星トリトンの運命は**

海王星最大の衛星トリトンは、海王星の自転方向とは逆向きに公転する逆行衛星である。

海王星のプロフィール

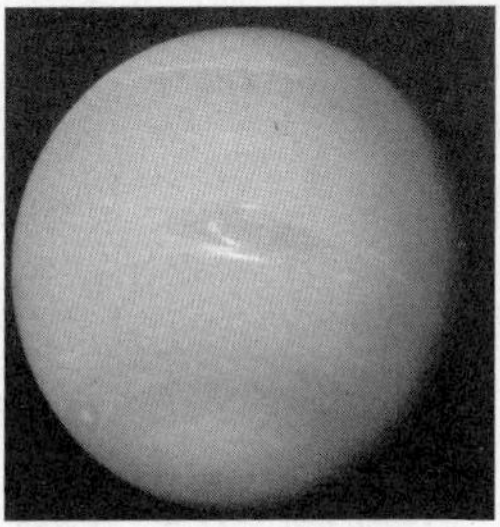

太陽からの距離	45億440万km
太陽からの距離（地球=1）	30.110
大きさ（赤道直径）	4万9528km
大きさ（地球=1）	3.883
質量（地球=1）	17.15
自転周期	0.671日
公転周期	164.77年
重力（地球=1）	1.11
密度	1.64kg/m³
赤道傾斜角	28.3
衛星の数	13

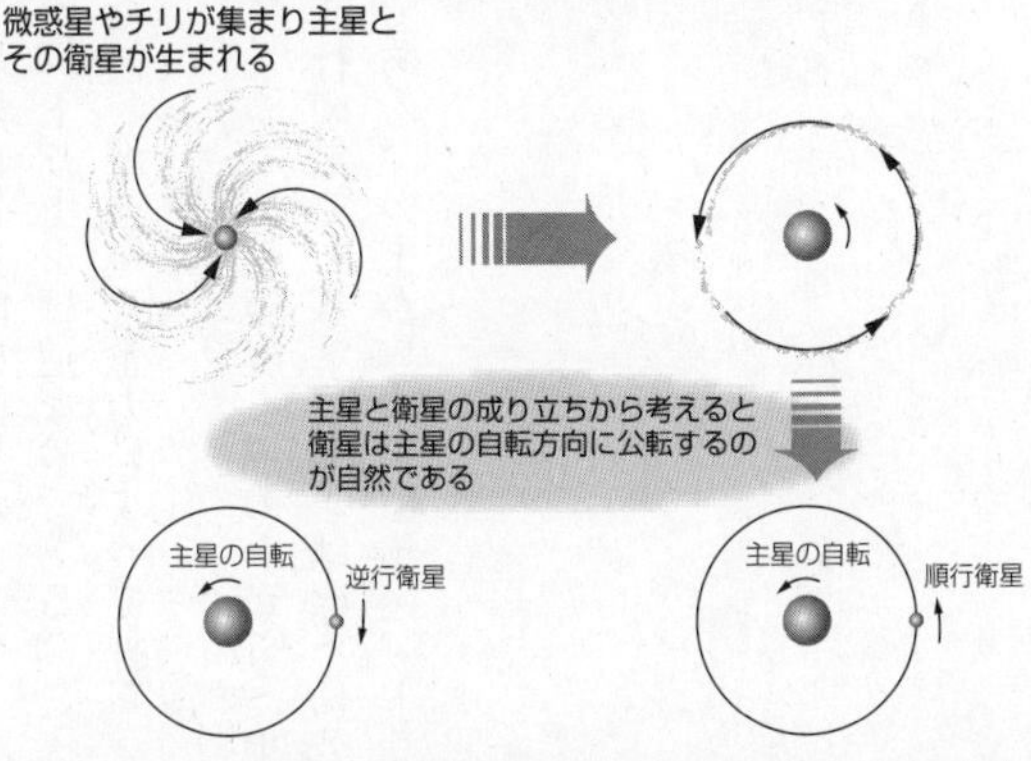
微惑星やチリが集まり主星と
その衛星が生まれる
主星と衛星の成り立ちから考えると
衛星は主星の自転方向に公転するの
が自然である
主星の自転
逆行衛星
主星の自転
順行衛星

しかし、トリトンなどの逆行衛星は主星の自転と反対方向に公転する。これからトリトンは別の場所で生まれたのだと考えられる。

主星と衛星の成り立ちから考えると、主星の自転方向に衛星が公転するのが自然であり、こういう衛星を順行衛星というが、トリトンは逆なのである。こういった事情から、トリトンは別の場所で生まれた後、海王星の重力によって捕らえられた天体だといわれている。

ところで、順行衛星である月は潮汐力によって公転速度を速めながら、地球から徐々に遠ざかっている。これとは逆に、逆行衛星であるトリトンは徐々に公転速度を緩めながら、海王星に近づいているのである。いまから約1億年後、トリトンは海王星に落下するものと考えられる。

太陽系の仲間たち①

EKBO＝冥王星、エリス

●冥王星を準惑星とする

２００６年8月、プラハの国際天文学連合の総会で、冥王星が惑星の地位を失うことが宣言された。冥王星は発見されてから76年間、第9惑星とされていただけに、これには賛否両論、さまざまな意見が飛び交った。しかし、多くの専門家はこの決定を妥当なものだと受け止めている。

そもそも、それまで「惑星」とは何かという明確な定義がなかった。というより必要がなかった。古代から知られる5つの惑星と、天王星、海王星、冥王星、そして地球が惑星であり、それ以上増えはしなかった。

ところが、観測機器の発達で、海王星以遠の領域に冥王星と同程度の天体が続々と見つかりはじめた。しかも、これらは水星から海王星までの8つの惑星とは、明らかに成り立ちが違う。そこで、惑星の定義を定める必要が出てきたのである。

定義を簡単にいうと「自重で球形になっているもの」「太陽の周りを回っているも

代表的なＥＫＢＯ

	冥王星	エリス	マケマケ	カロン（冥王星の衛星）
太陽からの距離	59億9063万km	102億5861万km	69億1483万km	冥王星からの距離
太陽からの距離（地球＝1）	39.54	67.71	45.64	1万9600km
大きさ（直径）	2306km	2400±100km	1600〜2000km	1205km
大きさ（冥王星＝1）	1	約1.03	約0.78	0.52
質量（冥王星＝1）	1	約1.1	?	0.139
自転周期	6.397日	8時間以上	?	自転と、冥王星に対する公転
公転周期	248年	559年	307年	いずれも6.397日

の」「軌道周辺に他の天体（衛星をのぞく）がないもの」の3つだ。

冥王星は最初の2つの定義は満たす。しかし、自分よりはるかに大きい海王星の軌道と一部重なっているうえ、軌道周辺に同程度の天体がいくらでもある。つまり3つ目の定義には当てはまらない。よって、惑星ではなく、準惑星とされたのである。現在、準惑星とされるのは冥王星の他、エリス、ケレス、マケマケ、ハウメアの5つであり、このうちケレスのみが火星と木星間の小惑星帯にあり、他の4つはＥＫＢＯである。

●まだまだこれから発見されそうなＥＫＢＯ

太陽から見て、海王星の軌道より遠く、48天文単位（1天文単位とは太陽・地球間の距離）以内の範囲をエッジワース・カイパーベルトと呼び、この領域の天体をＥＫＢＯ（エッジワース・カイパーベルト天体）と呼ぶ。

ＥＫＢＯには、冥王星とその衛星カロン、あるいはエリス、マケマケなどが含まれる。また海王星の衛星トリトン（126ページ参照）も、その組成から、もともとはＥＫＢＯだったと考えられる。現在、ＥＫＢＯには１０００を超える天体が発見されているが、ＥＫＢＯの総質量は、火星と木星の間にある小惑星の総質量の数百倍と計算されており、今後さらに新たな天体が発見されると思われる。

なお、ＥＫＢＯはトランス・ネプチュニアン（海王星以遠天体）と呼ばれることもある。

太陽系の仲間たち②

無数に存在する小惑星と彗星

●数百万個も存在する小惑星

小惑星は太陽系のいたるところに存在するが、なかでも火星軌道と木星軌道の間に、数多くの小惑星が集まる小惑星帯があり、この領域はメインベルトと呼ばれる。また、木星軌道上、しかも木星と太陽を結ぶ線を底辺とする正三角形の頂点にあたる付近（ラグランジュ点）にも小惑星帯があり、こちらはトロヤ群と呼ばれている。

メインベルトの小惑星の多くは、直径数キロメートルから数十キロメートルのものだが、その数は多く、数百万個（軌道が確定したものは約12万個）はあるとされる。メインベルトで最も大きな小惑星はケレスであるが、これは2006年に新設されたカテゴリーである準惑星に分類されることになった。なお、火星の衛星であるフォボスとダイモス（111ページ参照）はもともと、小惑星だった天体が、火星の重力に捕らえられ、衛星になったと考えられている。

小惑星帯と彗星

小惑星帯の軌道

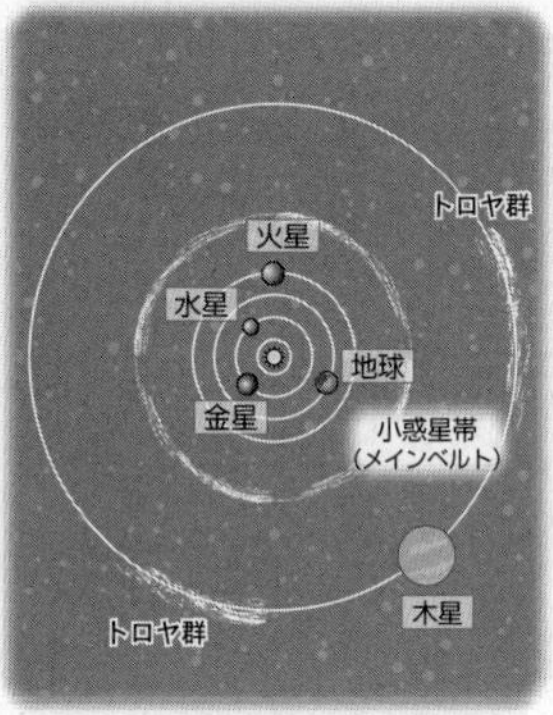

太陽と彗星の尾

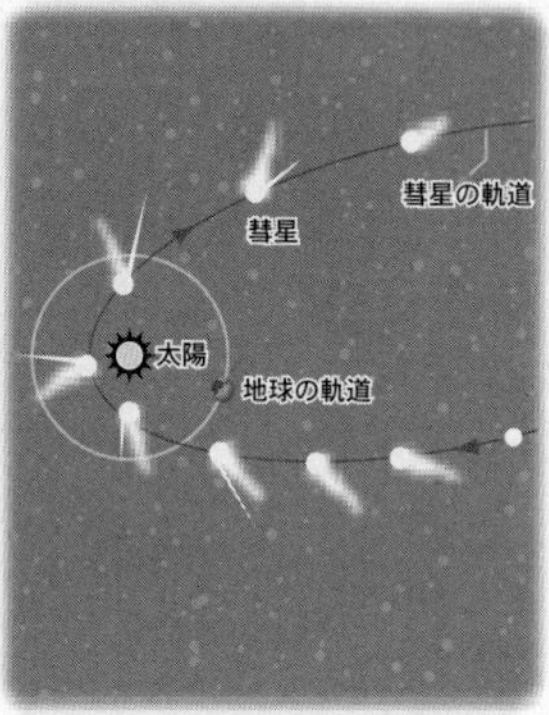

●小惑星は原始太陽系の化石である

54ページで解説したように、太陽系の惑星の起源は原始太陽系に集まった微惑星にある。そして、小惑星帯の小惑星は、微惑星のまま惑星にならなかったものや、一度大きく成長したが、その後に粉々になってしまったものだと考えられる。よって小惑星は、原始太陽系の情報がつまった化石とみなせるわけだ。2005年に日本の探査機「はやぶさ」が小惑星イトカワを調査したが、これは太陽系の起源を解明する大きな一歩なのである。

●太陽系を大きく旅する彗星

太陽を回る小天体には、他に彗星がある。

彗星の核は直径数十メートルから数十キロメートルで、主成分は氷や岩石、そこにアンモニアやメタンなどが閉じこめられている。いうなれば、汚れた雪だるまである。実はこの核の氷は、太陽に近づくと少しずつ蒸発し、核を覆って、明るく輝き、コマと呼ばれる部分になる。また、このとき同時に核のなかのチリが放出される。一方、太陽からの紫外線が、コマのなかの粒子をイオン化させる。こういったチリやイオンが太陽風を受けて伸び、彗星の尾をつくるのである。

彗星には数十年、数百年の周期で地球に現れるものもあるが、1度現れて再び姿を見せないものも多い。こういった彗星の故郷はオールトの雲（93ページ参照）だといわれている。

マクロからミクロへ①

宇宙の大構造から、銀河、太陽系、そして人類へ

●宇宙の大構造から地球まで

我々が観測できる半径128億光年の大宇宙から、銀河団や銀河群、そして我々の銀河系、太陽系まで、第2章では、スケールを徐々に狭めながら、宇宙を解説してきた。次ページの図は、こういった宇宙の構造の規模が、どのくらいなのか示したものだ。

泡のような宇宙の大構造は10^{25}メートル（約10億光年）くらいのスケールで観測することができる。そして、この大構造の泡の表面に集まった数百、数千の銀河の塊が銀河団であり、我々の銀河系もその1つである。

太陽系を包むように存在するオールトの雲は、直径およそ10^{16}メートル。EKBOの代表、冥王星の軌道が直径約10^{13}メートルだから、オールトの雲はこの1000倍も大きく広がっていることになる。そして、地球の直径はおよそ1275万メートルであるから10^{7}メートルのスケールで表される。太陽系の範囲をオールトの

宇宙の大構造から人間へ

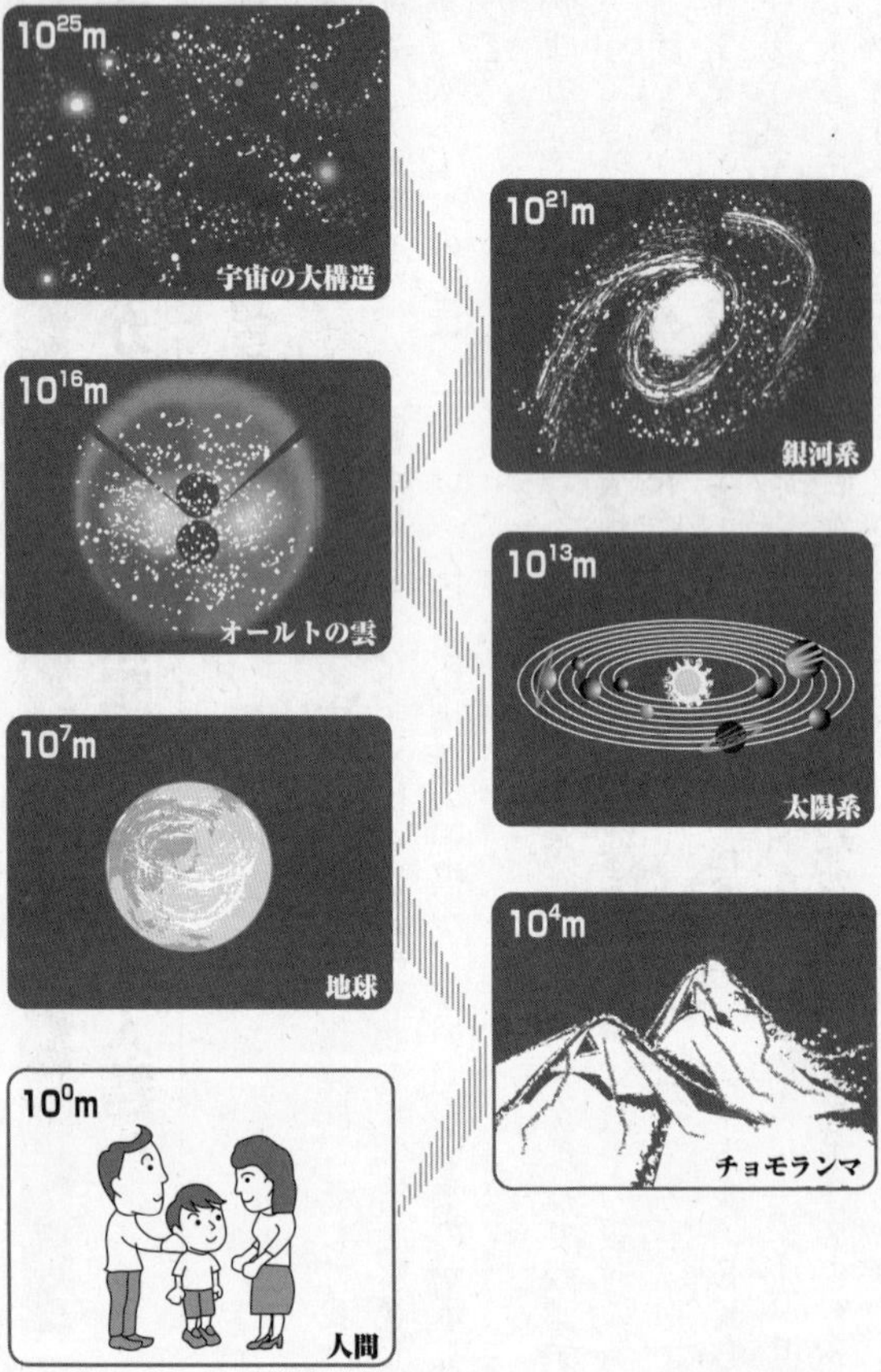

雲だとすると、地球の大きさはその10億分の1しかないのである。

●地球のなかの人類

このあとのスケールは我々に身近なものだ。世界最高峰のチョモランマは8848メートル（公式値）であり、10^4メートルのスケールである。また、その10^4（1万）メートルを、人類は最速で26分17秒53（男子世界記録）で走る。そして人類は、座るとだいたい10^0（1）メートル四方の枠に収まる。

マクロからミクロへ②

手のひらから細胞、DNA、分子、原子へ

●ミクロの世界をのぞき見る

ここからスケールはミクロに転じる。10^{-1}メートルのスケールには、手のひらのほか、筆記具や書籍など、身近なものが多い。しかし、桁を4つ小さくするだけで、物体はたちまち肉眼ではとらえられなくなる。人間の血液に含まれる赤血球の直径はおよそ10^{-5}メートルだが、顕微鏡を使わなければ、その形はわからない。生物の設計図であるＤＮＡ（デオキシリボ核酸）は、太さがだいたい2×10^{-9}メートルであり、これがぐるぐる巻きになって細胞の核に収まる。ところで、10^{-9}メートルはナノメートルともいわれる。これは現在、人類が技術的に加工できるぎりぎりのスケールであり、これらの技術がナノテクと呼ばれることはよく知られている。

●原子から超ひもへ

原子の大きさは、ほぼ10^{-10}メートルであり、原子核はさらに4桁小さい10^{-14}メート

手のひらから超ひもへ

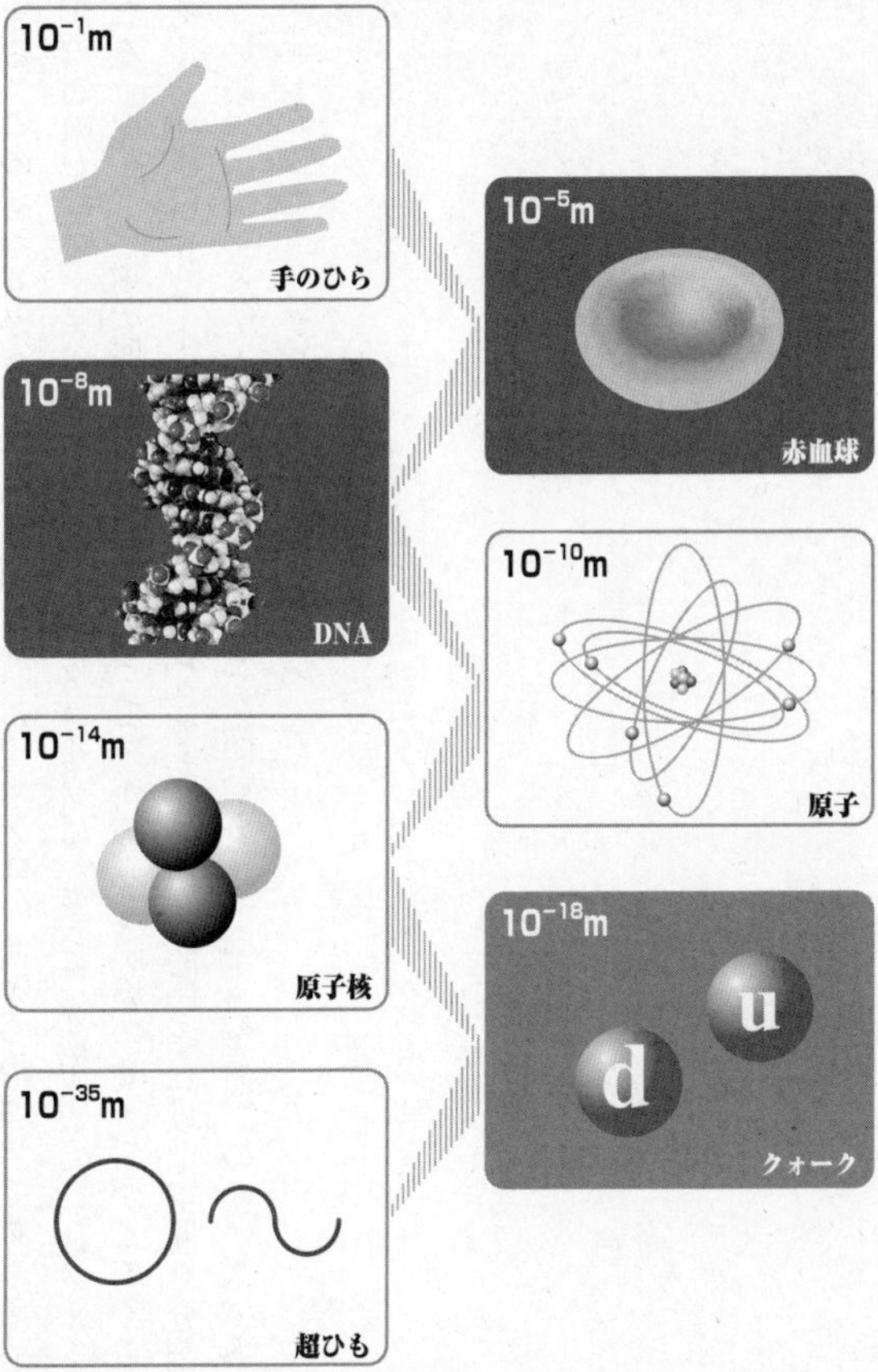

10^{-1}m
手のひら
10^{-5}m
赤血球
10^{-8}m
DNA
10^{-10}m
原子
10^{-14}m
原子核
10^{-18}m
u
d
クォーク
10^{-35}m
超ひも

ルとなる。このあたりから、粒子の振る舞いが、ミクロの世界の物理学である量子力学でなければ記述できなくなる。そしてクォークは、さらに4桁小さい10^{-18}メートルとなる。現在、人類が何らかの方法によって確かめうる限界のサイズがこのくらいである。最後の10^{-35}メートルはプランク長さであり、理論的にそれ以上空間を分割できない限界の大きさである。そして、これが超ひも（296ページ参照）のサイズであり、誕生したばかりの宇宙の大きさでもある。

第2部

相対性理論と量子論

基礎理論編

第3章

相対性理論が描く宇宙の姿

宇宙論を語るとき、避けて通れないのが相対性理論である。時間と空間、物質と重力、宇宙を理解するのに欠かせないこれらの概念は、いずれも相対性理論の登場で、それまでとは大きく変わった。また、ビッグバンやブラックホールなどの理論も、相対性理論から生まれ出たものである。ここでは、宇宙の理解をこれほど推し進めた相対性理論の本質に迫ってみる。

相対性理論以前①

ガリレイの相対性原理

●天動説が長らく信じられてきた理由

地球が1秒間に約30キロメートルという、ものすごい速さで太陽の周りを回っていることは、現代では常識だ。しかし、中世のヨーロッパでは天動説が信じられ、大地はがっちり固定されているものと考えられてきた。

もっとも、現代の私たちだって、大地がそんな速さで動いていることを、生活のなかで実感する機会などない。では、逆にどんな日常生活だったら、地球が動いているという実感が湧くのだろうか。例えば、地球が動くことで、地上には常に風が吹いているとか、何かの物体を持ち上げて手を放すと、真下ではなく斜めに落ちていくとか、そんな現象が体験できれば、確かに地球が動いていると、認識できるのかも知れない。

しかし、新幹線や飛行機に乗り慣れている現代人ならわかるが、速度を変えずにまっすぐ動いている（等速直線運動）場合、車内や機内に風は起きないし、物体はま

ガリレイの相対性原理

すべての慣性系（＝等速直線運動をしている座標系）で、
力学の法則は成り立つ

っすぐ下に落ちる。実は私たちが動いていると感じるのは、加速しているときなのである。地球も同様で、動いているという実感が湧かずとも、運動はしているのだ。

つまり、「静止している場所」と「一定の速度で動いている場所」とは、何も変わるところがない。どちらの場所でも、そのなかで物体は同じように運動するし、その動きを同じ方程式で書き表すことができるのだ。これがガリレイの主張した『ガリレイの相対性原理』である。

●慣性系とは何か？

『ガリレイの相対性原理』で定めた「静止している場所」や、「一定の速度で動いている場所」だが、ここに置かれた座標系を、慣性系と呼ぶ。

座標系などというと難しく感じるが、何のことはない。空間に引かれたグラフの線、空間を表すための基準と考えればよい。そして、静止している、あるいは等速直線運動をしている座標系が、慣性系というわけだ。

こういった言葉を使って、『ガリレイの相対性原理』を言い換えると、「すべての慣性系で、力学の法則は同じように成り立つ」となる。ちなみに地球の公転は楕円《だえん》を描くし、自転もしているので、厳密にいうと地表は慣性系ではない。しかし、近似的に慣性系とみなしている。

相対性理論以前②

絶対とは、相対とは、どういうことか

●ニュートンの絶対空間と絶対時間

相対性理論とは、時間と空間、そして物体についての理論である。そこで、皆さんが日ごろイメージしている時間、空間、物体を頭に描いて欲しい。多くの人が次ページの図のような世界を思い浮かべるのではないだろうか。

どこまでも広い空間は、すべての物体の活躍の場、大きな舞台である。地球儀の緯線、経線にならって、マス目を思い描いた人もいるかも知れない。そこを無限の過去から無限の未来へと向かって、時間が一様に流れる。そして、空間を物体が動き回る。ただし、動くのはあくまで物体で、その器《うつわ》、舞台である空間は永遠に変わるところがない。

実際、ニュートン（1643～1727）が自分の理論の前提として考えた空間と時間も、次ページの図と同じで、がっちりと揺るぎない絶対空間と、すべての場所で一様に流れる絶対時間だった。

ニュートンの絶対空間と絶対時間

●相対と絶対を考える

辞書によると〝相対〟とは「他との関係によって、その存在が成立するもの」であり、その反対語の〝絶対〟は「他に対立するものがなくても成立するもの」だとされる。

学校の成績の絶対評価と相対評価とは、その典型である。70点以上が合格というような絶対評価の場合、受験者にとってライバルが何点取るかは問題ではない。とにかく自分が70点以上取ればよい。一方、上位20人が合格というような相対評価では、自分がいくら頑張っても、より高い得点を取るライバルが20人いれば不合格となる。

音階にも、絶対音階と相対音階がある。一般の人はド・レ・ミ・ファ・ソ・ラ・シ・ドという音程を比較することで、相対的に音程を聞き取るが、絶対音感のある人は、比較なしに音程を聞き分ける。

速度が相対的であることは、日常生活でもよく経験する。例えば、時速80キロメートルで走る電車の車窓から見ると、横の高速道路を時速100キロメートルで追い抜いていく車も、時速20キロメートルで離れていくように見える。同じ自動車を見ていても、観測する人が道路に静止しているのと、時速80キロメートルで走る電車からでは、速度は違って見えるわけだ。どちらかが正しいとか間違いということはなく、立場によって相対的に変わるのである。

相対性理論以前③

古典物理学の二本の柱、力学と電磁気学

●静止している場所って、どこだ？

ガリレイに始まり、ニュートンが完成させた力学は、さまざまな物体の振る舞いを見事に説明した。

例えば、それまではまったく関わりがないと考えられていた、地面に物体が落ちる力と、惑星が太陽の周りを運行する力とが、いずれも万有引力によるものだと解き明かした。このニュートン力学の基盤になっているのが『ガリレイの相対性原理』と、絶対空間、絶対時間という概念だ。

絶対空間のなかには、地球や等速直線運動をする電車のように、無数の慣性系があるが、どんな慣性系の座標でも、物体の振る舞いを調べれば、同じ法則が導かれる。また、異なる慣性系の物体間では、系どうしの相対速度に応じて差が出るが、これも数値を適切に変換すれば、矛盾なく説明できる。

一方、絶対時間は慣性系に関わりなく共通である。ただし、それぞれの慣性系に

絶対静止系

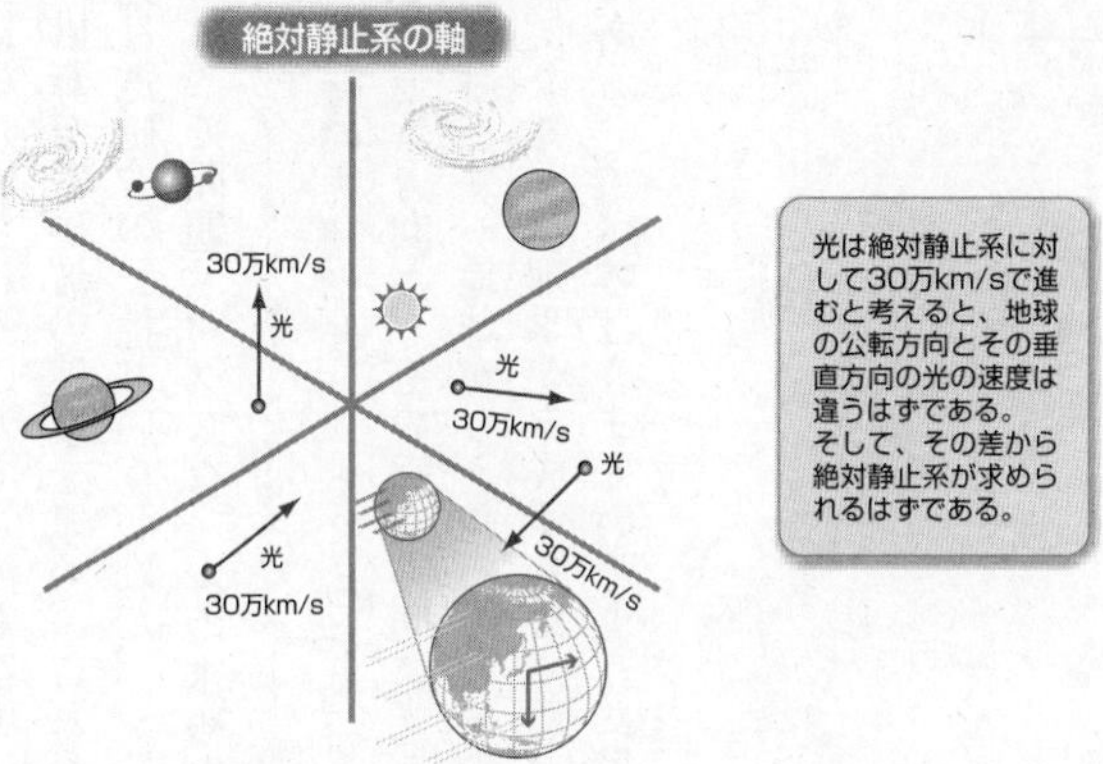
絶対静止系の軸
30万km/s
光
光
30万km/s
光
30万km/s
光
30万km/s
光は絶対静止系に対して30万km/sで進むと考えると、地球の公転方向とその垂直方向の光の速度は違うはずである。
そして、その差から絶対静止系が求められるはずである。

座標軸はおけても、絶対空間の軸である絶対静止系をどう決めるのかは、彼らにもわからなかった。

●電磁気学によって求められた光速

ところで19世紀までの大成功を収めた物理学には、力学の他に、ファラデー（1791～1867）に始まり、マクスウェル（1831～1879）が完成させた電磁気学がある。電磁気学の成立によって、電気の力と磁気の力が、実は同じ力の別の現れ方だとわかる。また、同理論からは電磁波が予想された。電磁波とは、電場《でんば》によって磁場《じば》が生まれ、その磁場によって電場が生まれ、これが交互に繰り返されることで、波が空中に飛び出す現象である。さらにマクスウェルは、計算で電磁波の速度を求め、これが光と同じであることを突きとめた。つまり、光は電磁波の一種というわけだ。

さて、ここで問題。マクスウェルの求めた光の速度、秒速30万キロメートル（正確には秒速29万9792・458キロメートル）とは、いったい何に対する速度なのだろう。当時の物理学者は、これこそ絶対静止系に対する速さだと考えた。だから、地球の進行方向と、その垂直方向に光を発射し、両者の速度を比較すれば、絶対静止系に対して、地球がどう動いているのかが算出できる。これで、絶対静止系が明らかになり、物理学が完成するはずだと考えたのである。後は実験の結果を待つだけである。すべてはうまくいくように思われた。

相対性理論以前④

光の謎に迫る

●絶対空間にはエーテルが詰まっている？

地球の進行方向である東西と、その垂直方向である南北に光を発射し、両者の速度を比較する。この有名な実験を行ったのはアメリカのマイケルソン（1852〜1931）とモーリー（1838〜1923）である。これが世界中の物理学者の頭を悩ます種となるのだが、その意外な結果は後に回し、光自体について、少し考えてみたい。

151ページで述べたように、電磁気学によって、正体が暴かれた光だが、もちろんそれ以前の物理学者も、光について大いなる関心を持っていた。光が一瞬で伝わるのではなく、速度を持つことが明らかにされたのは1676年だ。これは木星の衛星による蝕《しょく》の観測される時刻が、計算と合わないことから推測された。つまり、光が伝わるのに時間がかかる分、観測時刻にズレが生じるというわけだ。

光自体については、物質（例えばミクロな粒子）であるとする考え方と、現象（例

マイケルソンとモーリーの実験

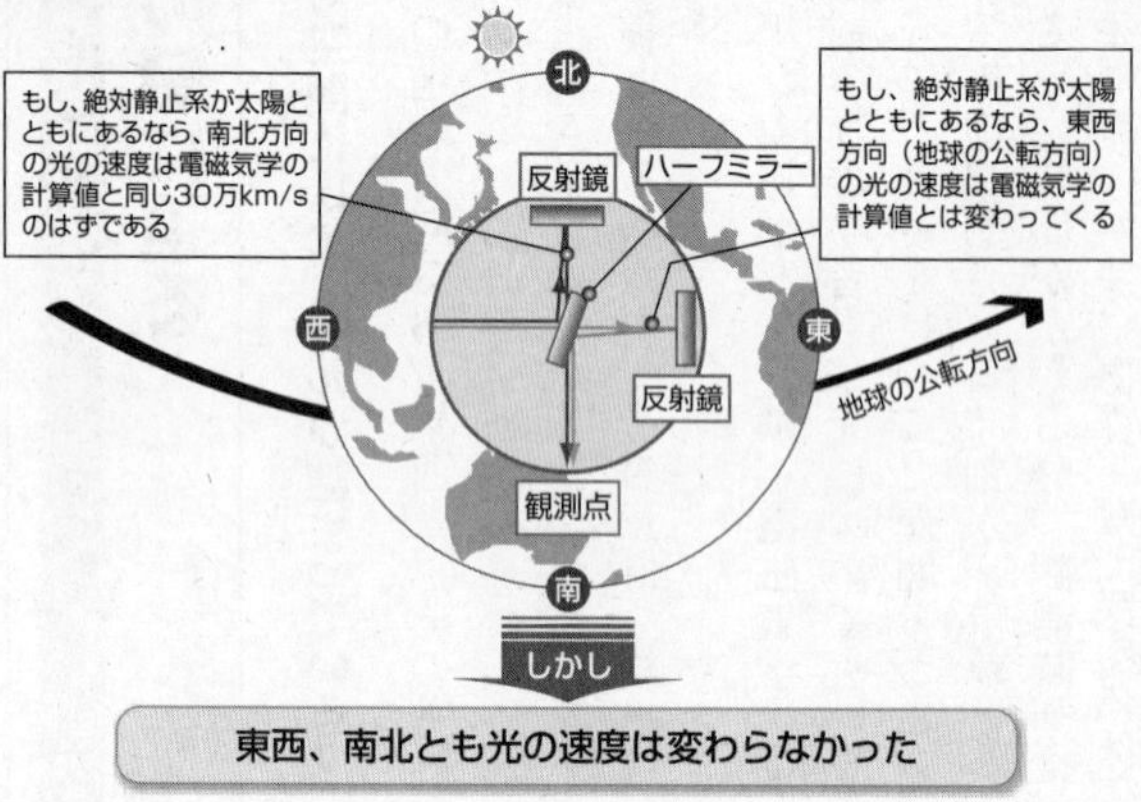

北
もし、絶対静止系が太陽とともにあるなら、南北方向の光の速度は電磁気学の計算値と同じ30万km/sのはずである
もし、絶対静止系が太陽とともにあるなら、東西方向（地球の公転方向）の光の速度は電磁気学の計算値とは変わってくる
反射鏡
ハーフミラー
西
東
反射鏡
地球の公転方向
観測点
南
しかし
東西、南北とも光の速度は変わらなかった

えば音波のような波）であるとする考え方が17世紀からあった。時代とともに粒子説が優勢になったり、波動説が信じられたりと、学者の支持は転変したが、電磁気学成立の19世紀終わりには、波動説がほぼ勝利を収める形となっていた。

しかし、波動説には弱点があった。媒質がわからなかったのである。例えば、音は空気などが媒質となって伝わってくる。ところが、光の媒質は見あたらない。そこで物理学者が考え出したのがエーテルという仮想粒子だった。そして、エーテルは絶対空間にそって静止し、地球はそのなかを突き進んでいると考えられた。

●マイケルソンとモーリーの実験の結果は？

右図で示したようなマイケルソンとモーリーの実験は、絶対静止系の確認とともに、エーテルの存在を裏付ける実験でもあった。地球の公転速度は太陽に対して秒速約30キロメートル。進行方向である東西に進んだ光と、これと垂直な南北に進んだ光。その速度差はどれくらいか。機器は非常に精密につくられた。

結果は驚くべきものだった。速度差はゼロだったのだ。これはどういうことなのだろう。地球が絶対静止系の原点なのだろうか。これでは地動説に逆戻りである。また、光の媒質、エーテルが存在しないのなら、光はどうやって進むのか。物理学者たちはまったく頭を抱えてしまったのである。

特殊相対性理論①

特殊相対性理論の2つの前提

●光速度不変の原理

152ページでは「マクスウェルの求めた光の速度、秒速30万キロメートルとは、いったい何に対する速度なのだろう」と書き、「物理学者は、これこそ絶対静止系に対する速さだと考えた」とも書いた。

ところが、マイケルソンとモーリーの実験で測定された光速は、地球の東西方向でも南北方向でも秒速30万キロメートルだった。これを認めるなら、地球という慣性系が絶対静止系ということになり、宇宙中の光が、地球に対して秒速30万キロメートルの速度で伝わるということになる。果たして地球は、そんなに特別な場所なのだろうか。

ここでいよいよ登場するのが、アインシュタイン（1879～1955）である。彼はマクスウェルが計算で求めた光の速度、秒速30万キロメートルを、「絶対静止系に対しての速度」ではなく、「あらゆる慣性系にいる人に対しての速度」と考えた

特殊相対性理論の前提

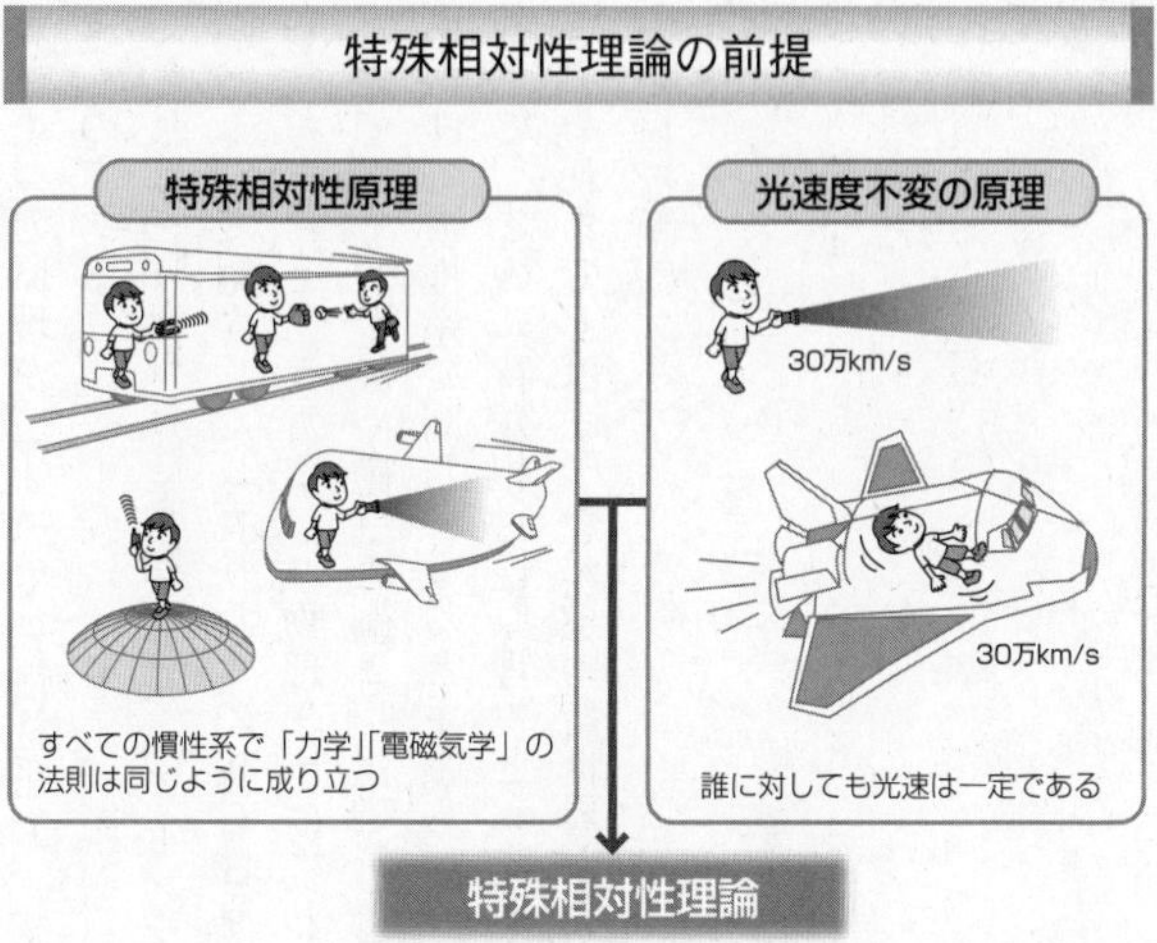
特殊相対性原理
すべての慣性系で「力学」「電磁気学」の法則は同じように成り立つ
光速度不変の原理
30万km/s
30万km/s
誰に対しても光速は一定である
特殊相対性理論

のである。つまり、誰に対しても光速は必ず、秒速30万キロメートルなのである。

この『光速度不変の原理』は、特殊相対性理論を考えるときの出発点である。そして、これに従うと、私たちは決して光速で移動することはできない。それどころか、光速に近づこうと、いくら加速しても、光との速度の差は少しも詰まらないということになる。つまり、『ガリレイの相対性原理』が成り立たないのである。

●特殊相対性原理

アインシュタインが特殊相対性理論を論ずるにあたって前提にした、

もう1つの原理が、「すべての慣性系で、物理学の法則は同じように成り立つ」というものである。

これは『特殊相対性原理』とか『アインシュタインの相対性原理』と呼ばれるが、144ページで紹介した『ガリレイの相対性原理』とそっくり、ほぼ同じである。ただし「力学」という言葉が「物理学」に変わっている。つまり、物体の運動（力学）だけでなく、電気や磁気の働き（電磁気学）などを含めた、すべての物理法則が、あらゆる慣性系で同じになると主張したのである。

さて、この『特殊相対性原理』と『光速度不変の原理』の2つを前提に据えたとき、それまでとはまったく違った世界が見えてくる。風景がどう変わるかを次ページ以降で解説する。

特殊相対性理論②

絶対時間はなく、時間の流れは人それぞれ違う

●『光速度不変の原理』から見えてくるもの

道に立ち止まっているA君の横を、自転車のB君が、秒速10メートルで横切った。そして、同じ瞬間、その脇を秒速30メートルの自動車に乗ったC君が、B君と同じ方向に走り去った。

このときC君の自動車は、止まっているA君にとっては秒速30メートルに見える。しかし、自転車に乗って秒速10メートルで移動しているB君にとって自動車は、秒速20メートルに見える。ごく簡単な引き算である。

ところが、仮にこの自動車が光であり、光の速さが秒速30メートルだったらどうなるだろうか。普通に考えれば、先ほどと同様、A君にとって光は秒速30メートル、B君にとって光は秒速20メートル、となる。

しかし『光速度不変の原理』によると、光速は誰にとっても不変なのである。よって答えは「A君、B君の両者に対し、光は秒速30メートルで走り抜ける」とな

光速度不変の原理

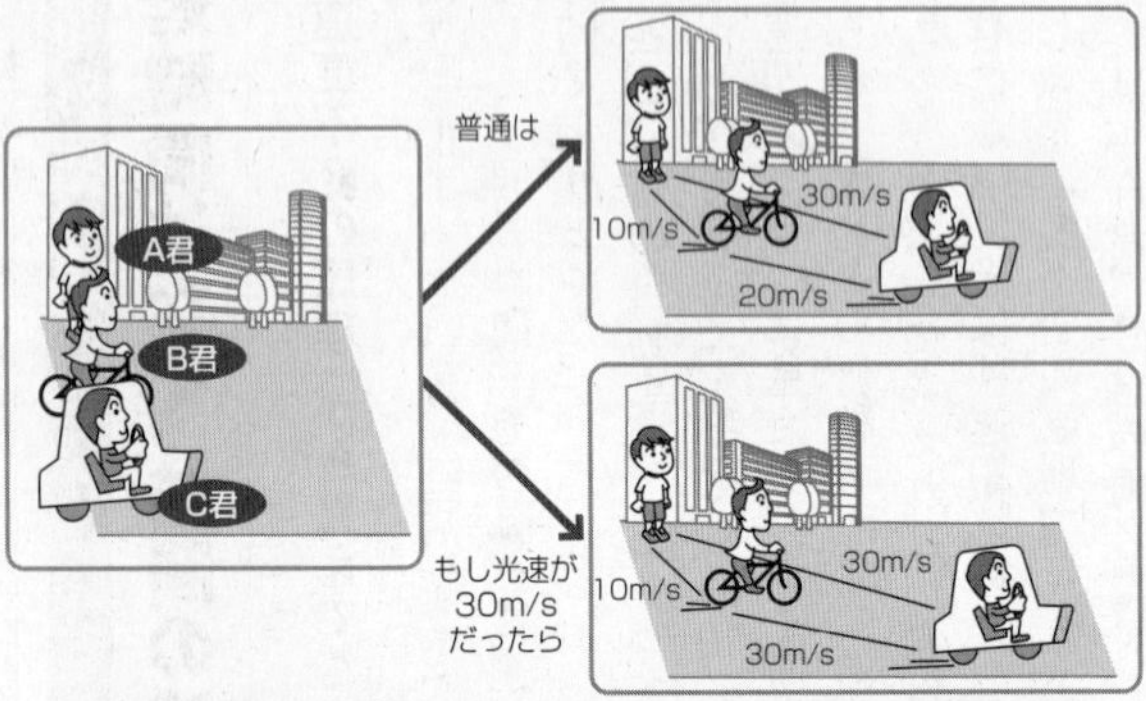

光速はすべての人に対して同じ速度で進んでいく

る。そんなバカなといわれるかも知れないが、『光速度不変の原理』とは、そういうことである。

●光速が一定なら、変わるのは……

そもそも速度というのは、進んだ距離を時間で割ったものである。小学校ではそう習う。30メートル進むのに1秒かかったなら、速度は秒速30メートルなのだ。だから、先ほどの答えが正しいとすると、A君とB君の2人と光が並んでから1秒後、光はA君から30メートル先にいると同時に、B君からも30メートル先にいることになる。

この疑問へのアインシュタインの

答えは明快である。「そういう矛盾を感じるのは、〝万人に共通の時間や空間〟を考えているからである。時間の進み方が立場によって異なると考えれば、何の矛盾も起きないではないか」。

アインシュタインによると、光速は時間や距離から求められる二次的な値ではなく、光速こそが絶対不変の量であり、時間や距離の方が、計算から求められる二次的な量なのだ。147ページで解説した、ニュートンの絶対時間や、絶対空間が否定されたわけである。

ここでは、時間の進み方が立場によって違うことを印象的に理解してもらうため、かなり大ざっぱな説明となった。次ページでは、もう少し定量的に解説する。

特殊相対性理論③

光速に近づくと、時間も空間もゆがむ

●光速に近づくと、時間の流れが遅れる

高さ30センチメートルの円柱形をした光時計なるものを考えてみる。装置は次ページの図のように、円柱の上下の間を光が往復することで時を刻む。光速は秒速30万キロメートルだから、光が光時計の片道30センチメートル進む時間は、ちょうど1ナノ(10億分の1)秒である。

ここから、ちょっと話が込み入ってくるから図を見ながら読み進めて欲しい。光時計を積んだ宇宙船が宇宙ステーションに対し、秒速20万キロメートルで通過した。宇宙船の乗員にとって、光時計の光が下から上へと達するまでの時間は1ナノ秒である。

ところが、立場を変えて、宇宙ステーションからこれを見ると、光がジグザグに進むことがわかる。だから1ナノ秒経過しても、下から飛び出した光は時計の上には達しない。『光速度不変の原理』では、光源の動きにかかわらず、光は観察者にと

光速に近づいたものの時間の流れは遅れる

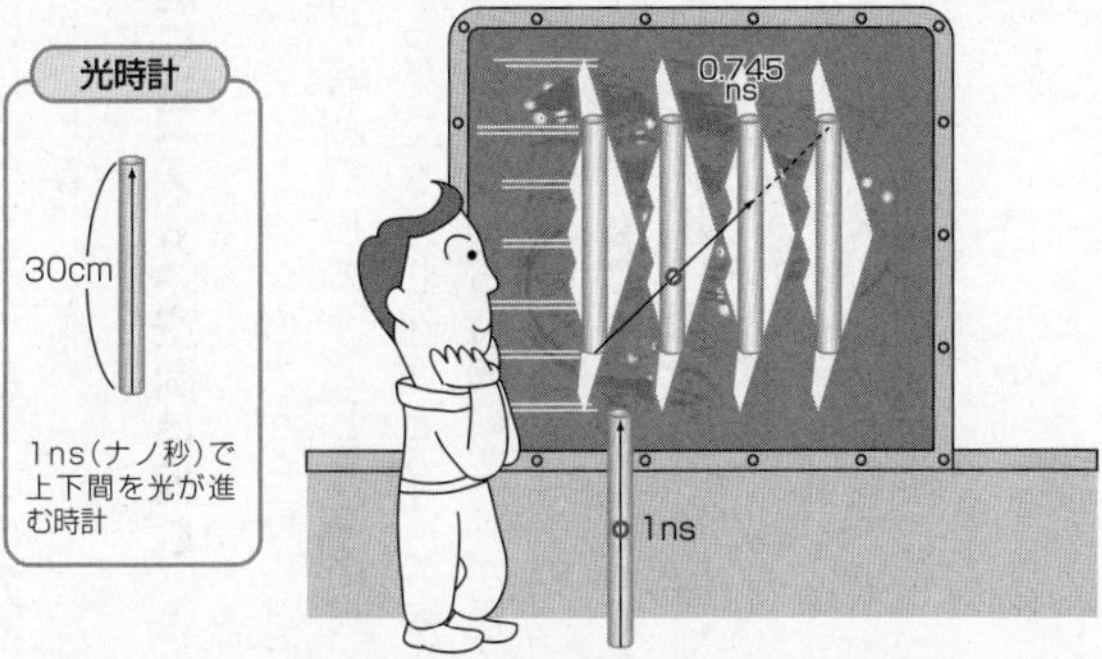

宇宙ステーションの人から見ると、宇宙ステーションのなかの1ナノ秒に対して宇宙船では0.745ナノ秒しかたっていない

って一定速度で進む。よって、宇宙ステーションの1ナノ秒で進む光の距離は、ステーション内の光時計でも、宇宙船の光時計でも同じだ。

こう考えたとき、宇宙ステーションで1ナノ秒たったとき、（宇宙ステーションから見た）宇宙船のなかでは、まだ1ナノ秒たっていないことがわかる。計算すると宇宙ステーションの1ナノ秒に対し、宇宙船では約0・745ナノ秒しか経過していないのだ。つまり、光速に近づけば近づくほど、時間は遅れていくわけだ。

気をつけたいのは、同じ理屈が宇宙船側から見ても成り立つことだ。宇宙船の乗員にしてみれば、時間が遅れるのは宇宙ステーションの方だ。そしてこれは、いずれの見方も、その立場で正しいといえる。

●光速に近づくと、空間は縮む

宇宙ステーションの人から見ると、宇宙船のなかの時間は遅れる。この事実から宇宙船が縮んでしまうことも導かれる。

誰から見ても同じ速度となるのが光速だが、速度とは、何かが一定の時間に進む距離である。だから時間の流れが遅くなったとき、それに応じて空間が縮まなければ、つじつまが合わない。

特殊相対性理論では、誰から見ても光速は一定不変だとした。ここから時間も空間も相対的であり、見る人の立場によって変化することが導かれた。これが宇宙の本性なのである。

特殊相対性理論④

巨大宇宙船のなかで宇宙船を飛ばしたらどうなるか

●入れ子式にスピードアップすると

光速度は不変であるとともに、宇宙の最高速度でもある。相対性理論から導かれる結論の1つだが、ここで疑問が湧く。動く歩道のなかで止まらずに歩いた経験は誰でもあるだろう。普通の歩道を歩くより、歩道が動く分だけ、スピードが上がる。宇宙の最高速度が光速だというが、動く歩道で歩くように、同じ方向に進むものを何重にも、入れ子式に走らせれば、光速は超えられるのではないだろうか。

例えば、ある巨大宇宙船が秒速20万キロメートルで飛んでいる。そのなかで小型の宇宙船をやはり秒速20万キロメートルで飛ばす。さらに、小型宇宙船のなかで、秒速20万キロメートルのリモコン宇宙船を飛ばす。これを外部の宇宙ステーションから見ると、リモコン宇宙船は秒速60万キロメートルと光速の2倍で飛んでいくのではないか。

●それでも光速は超えられない

ところがそうはならない。答えをいうと、宇宙ステーションから見て、リモコン宇宙船は秒速29・5万キロメートルとなる。

同じ秒速20万キロメートルといっても、巨大宇宙船の速度は宇宙ステーションから見たものなのに対し、小型宇宙船の速度は巨大宇宙船から見たものであり、リモコン宇宙船の速度は小型宇宙船から見たものだ。同じ速度といっても、観測する人の立場が違う。だから、これらを単純に足すのは、いずれも通貨単位だからといって、20円と20ドルと20ユーロを、そのまま足して60とするようなものだ。

では、どうやって足すのか。相対性理論から導き出されるのが次ページの図の式である。興味のある人は実際に数字を入れてみて欲しい。宇宙ステーションから見た小型宇宙船は秒速27・7万キロメートル、リモコン宇宙船は、先ほども書いた秒速29・5万キロメートルとなる。ちなみに、日常生活でこういう現象が見られない理由もこの式でわかる。光速に対して、私たちの身の回りのものの速度は、ずっと遅いのだ。

また、この式から、光速がどうしても超えられない速度だということも判明する。実をいうと、光速が宇宙の最高速度というより、宇宙では最高速度が決まって

速度の足し算

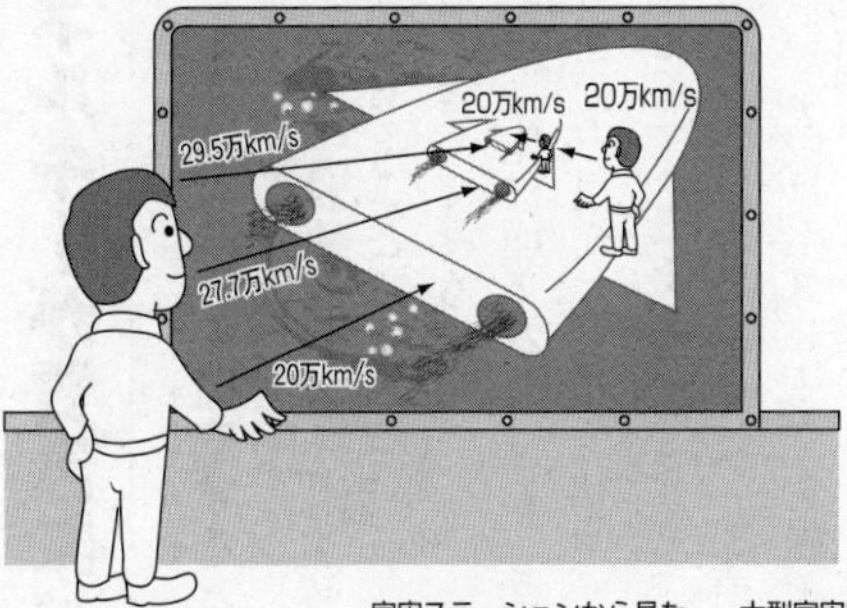

$$\text{宇宙ステーションから見た小型宇宙船の速度} = \frac{\text{宇宙ステーションから見た大型宇宙船の速度} + \text{大型宇宙船から見た小型宇宙船の速度}}{1 + \dfrac{\text{宇宙ステーションから見た大型宇宙船の速度} \times \text{大型宇宙船から見た小型宇宙船の速度}}{(\text{光速})^2}}$$

おり、光はその速度で動いているのだと考えられる。そして、どんな慣性系にいる人にも光速が一定速度に見えるように、時間と空間が連動して伸び縮みする。それが宇宙の本質なのだ。

特殊相対性理論⑤

エネルギーが質量に、質量がエネルギーに変わる

●どんどん、どんどん加速すると……

165ページでは乗り物が入れ子状になった場合を想定して、光速が絶対に超えられない壁であることを解説した。今度はもっと単純に、ロケットを加速し続けたらどうなるか考えてみる。

普通、物体に加える力（F）と物体の加速度（a）とは、「F=ma」という、いわゆる「運動方程式」で表される。mは物体の質量である。そしてこの式は、エンジンを噴かして力（F）を加えると、加速度（a）が生じて、ロケットなどの速度が上がると読み解ける。さらに、加速の度合いは、質量（m）に比例する。簡単にいえば、軽いものほどスピードが出やすく、重いとなかなかスピードは上がらない。

では、実際にロケットを加速し続けたらどうなるか。質量（m）が一定なら、加えた力（F）に応じた加速度（a）が発生し、ロケットは速度を増していく。宇宙空間では地上のような空気抵抗はないから、力をかけただけ、スピードは上がる。し

エネルギーは質量に変わる

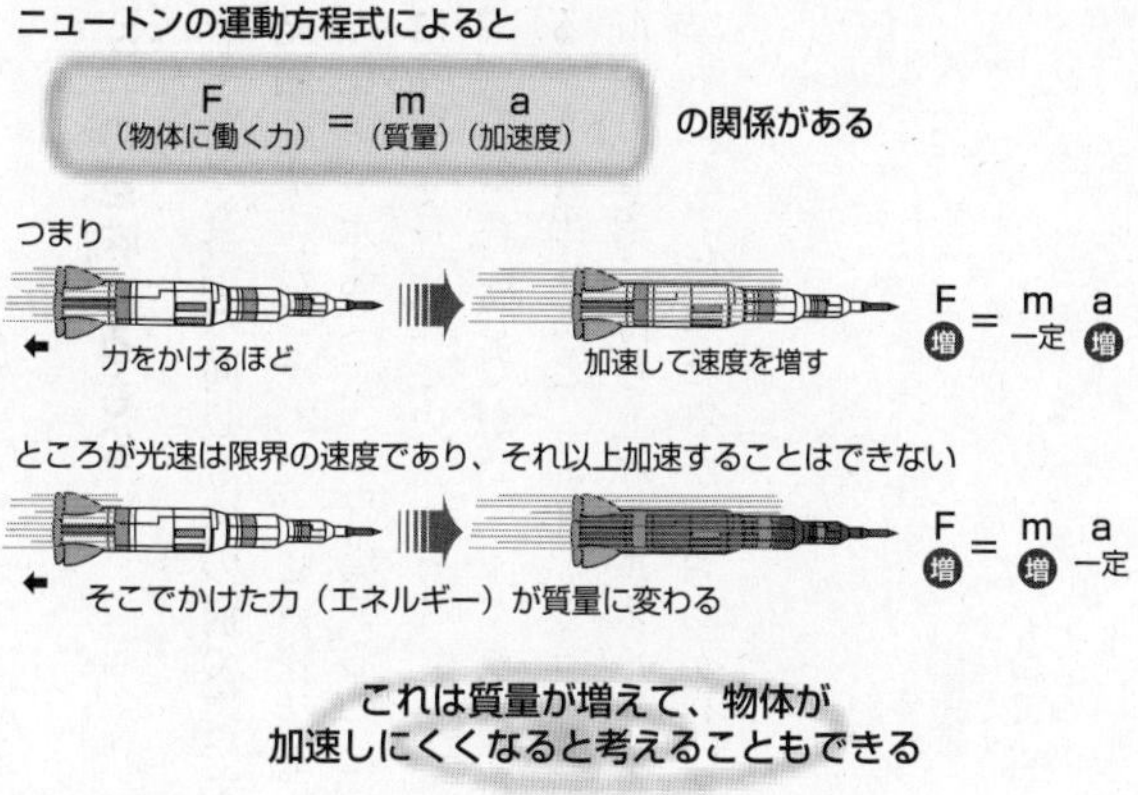

かし、無制限に速くなるわけではない。宇宙には光速という限界速度があるからだ。では、光速に達しようとする物体に、それでもエネルギーを加え続けるとどうなるか。与えたエネルギーは消えてしまうのだろうか。そうではない。

ここで「運動方程式」を眺めてみる。力（F）をかけても加速度（a）が上がらないという状況を認め、この方程式が成り立つとすれば、質量（m）が増えると考えるより他にない。エネルギーを速度の形では蓄えられないので、質量として貯めてしまうのだ。このことは、物体が光速に近づくと、質量が大きくなり、加速しにくくなるのだとも考えられる。

●「$E=mc^2$」の意味するもの

エネルギーと質量は同じものの別の姿である。相対性理論から導き出された、驚くべき結論の1つだ。そして、これを表した式が、有名な「$E=mc^2$」なのである。この式のなかに光速（c）が登場するのには、ちょっと驚かされる。光速はそれほどまでに特別な存在だといえよう。

さて、この公式にしたがい、1グラムの物質がすべてエネルギーに変換されたらどうなるかを算出すると、約90兆ジュールとなる。これは100万トンの物体を9キロメートルもの上空に持ち上げるエネルギーにほぼ等しい。わずかな質量が、いかに膨大なエネルギーに変わるかがおわかりいただけるだろう。

一般相対性理論①

重力と加速度は等しい価値を持つ

●特殊相対性理論から一般相対性理論へ

物理学に変革をもたらした特殊相対性理論だが、これで宇宙の時間と空間の謎がすべて解き明かされたわけではなかった。特殊相対性理論はその名のとおり、特殊な状況、限られた範囲でしか成り立たない。145ページで解説した慣性系での理論なのだ。

しかし、宇宙を運動する物体は、慣性系のものばかりではない。重力による物体の落下、徐々にスピードを上げる宇宙船などは、時間とともに速度（速さと方向）を変える加速度系である。１９１５年、アインシュタインは、この加速度系も含め、時間と空間を統一的に説明できる理論を発表。これが『一般相対性理論』である。同時に、「すべての慣性系で、物理学の法則は同じように成り立つ」とした『特殊相対性原理』も、より一般的に「すべての座標系で、物理学の法則は同じように成り立つ」という『一般相対性原理』へと書き改められた。

●重力とは何か、慣性力とは何か

一般相対性理論で新たに組み込まれた重力とは、どんな力なのか。ニュートンによってつくられた『万有引力の法則』では、重力は「質量を持つ物体間に働く作用」と説明された。これが地上に物体を引きつけ、惑星の運行を支配する。ちなみにニュートンは、この作用は無限の速さで伝わるとしている。ところが、特殊相対性理論では、光速を宇宙の最高速度としているので、2つの理論には、すでに齟齬《そご》が生じているのだ。

さて、ニュートン力学で登場する力には万有引力の他に、慣性力がある。例えば、電車の発車時、加速とは逆方向へ身体が押しつけられるように感じる〝見かけの力〟がそうで、加速度運動に伴い生まれるものだ。エレベーターが上へと加速するときや、飛行機で上昇するとき、重力が増加した感じがするが、これも慣性力の働きである。

アインシュタインは、この慣性力と重力とは区別がつかないことに気がついた。事実、私たちにはエレベーターが上昇するとき、慣性力で生まれる重力と、地球の質量による重力とを見分けることはできない。これは『等価原理』と呼ばれる。そして、『等価原理』によると、慣性力と重力を逆向きに働かせて、相殺《そうさい》することが可

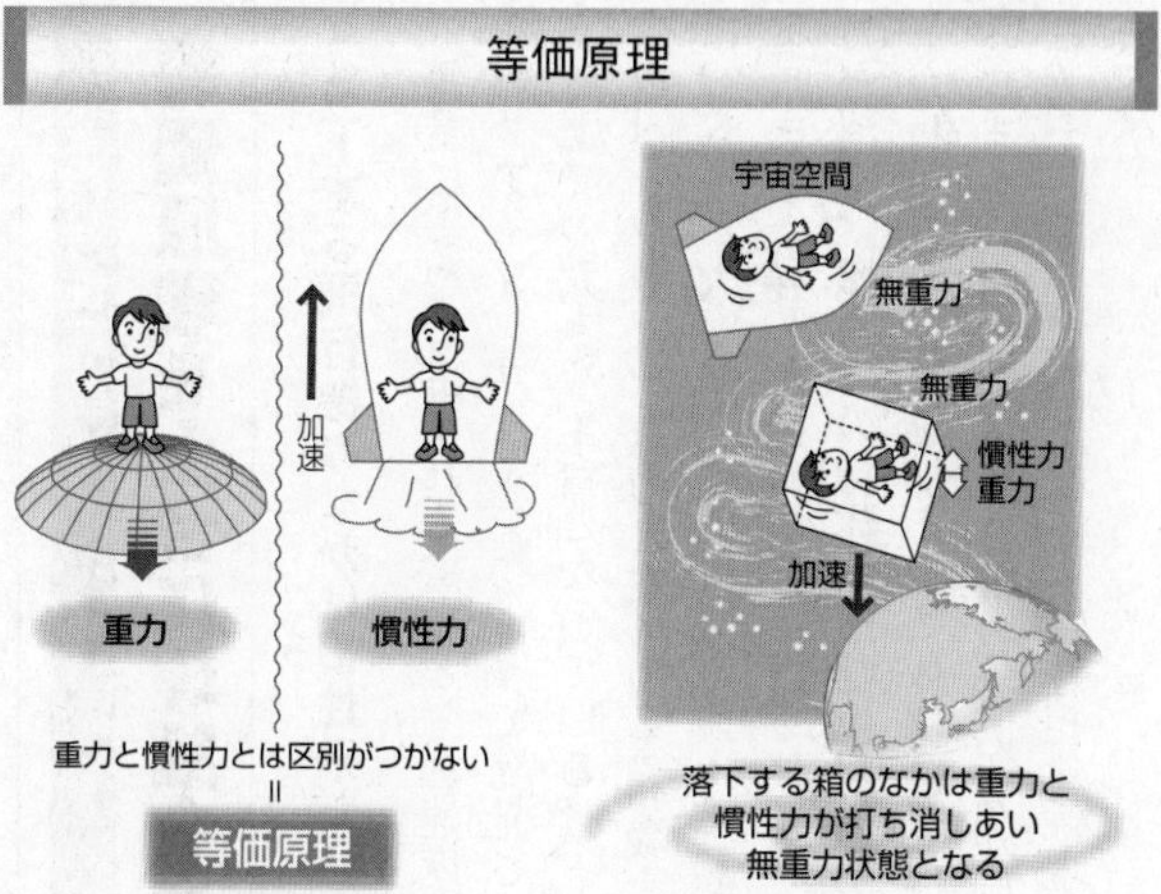

能だ。実際、遊園地にあるフリーフォールは、自由落下によって無重力状態を生み出しているのだ。

一般相対性理論②

等価原理を土台に理論を進める

●落下する飛行機のなかは慣性系だ

質量によって生まれる重力と、加速度運動によって生まれる慣性力は区別がつかない。アインシュタインによって発見された『等価原理』は、一般相対性理論を考える上での大きな土台となっている。

前ページでは、重力と慣性力を相殺するフリーフォールの例を挙げたが、今度は、もっと大がかりに飛行機を使って無重力状態を生み出してみる。高度数千メートルまで上昇した後、エンジンを停止、自由落下させるのだ。すると、機内から重力が消え、機内での物体の運動は、無重力の宇宙空間とまったく同じになる。上も下もわからず、力を加えた物体は直線運動をし続ける。

つまり、自由落下する飛行機のなかは、重力の影響を受けない慣性系なのである。そして、慣性系なら、特殊相対性理論が成り立つ。そこでは光は直進するのである。

重力によって光は曲がる

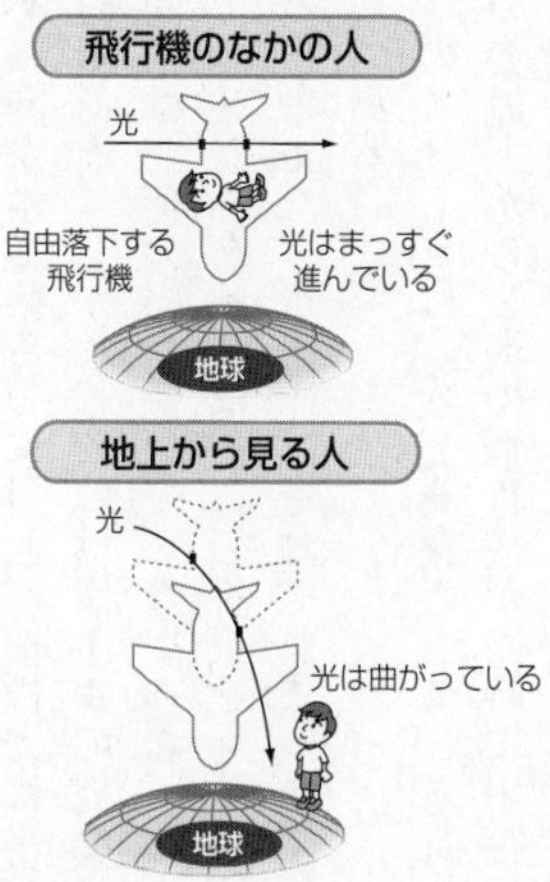
飛行機のなかの人
光
自由落下する
飛行機
光はまっすぐ
進んでいる
地球
地上から見る人
光
光は曲がっている
地球

重力が曲げるのは空間だ

まっすぐ落下する
ボールがぶつかる
のは空間が曲がっ
ているからだ

空間の曲がりを2次元で考えると

北極点
まっすぐ進む飛行
機が北極点でぶつ
かるのは平面が曲
がっているからだ
赤道

ところが、これを地上から見るとどうなるか。機内では直進して見える光も、地上からは放物線を描いて見える。つまり、重力によって光は曲げられているのだ。

● 重力によって空間は曲がる

再び落下する飛行機のなかを見てみる。先ほどは「地球からの重力」と、「自由落下という加速度運動による慣性力」が相殺されてしまうと書いた。しかし、実はすべてがきれいに相殺されるわけではない。

機内の人が両手に持ったボールをそっと手から放すと、2つのボールはごくわずかだが、徐々に近づいていく。これは地球の引力が、地球の中心に向かっているのに対し、慣性力は平行に働くため、その角度にズレが生じるからである。しかし、これはボールの立場に立つと不可思議な現象である。ボールの間には、何の力も働いていないのに、徐々に近づくのだから……。

アインシュタインは、この現象を地球の質量によって空間が曲げられるために生じると考えた。ボールはそれぞれまっすぐに進むが、空間が曲がっているから近づくのである。

このイメージは、次元を落として、球面上で考えるとわかりやすい。例えば、地球の赤道上から2機の飛行機が同時に平行に北上していく。飛行機はまっすぐ進むが、北極点で衝突してしまう。これは平面が曲がっているから起きるのだ。

一般相対性理論③

時間と空間と物質を統一的にとらえる

●空間は重力によって曲げられる

次ページの図を見て欲しい。本来は3次元の空間を2次元のゴム膜として表現し、太陽や地球などを、そこに乗った球として表したものである。物質が空間を曲げ、その曲がった空間を物質が進むというイメージが、多少なりとも摑《つか》めると思う。地球が太陽の周りを回るのも、太陽がゆがめた空間を、地球がまっすぐに進んでいるのだととらえられる。

●重力によって時間は遅れる

唐突だが列車のレール、それもカーブしているレールを見たことがあるだろうか。カーブする2本のレールは内側が短く、外側が長い。ものが曲がるときは、何でもそうである。重力で曲げられた光も、カーブの外側は長く、内側は短くなる。

これを遠くから眺めるとどうなるか。実は『光速度不変の原理』が、見かけ上は

太陽によって曲げられた空間を地球が“直進”する

地球
太陽

重力による時間の遅れ

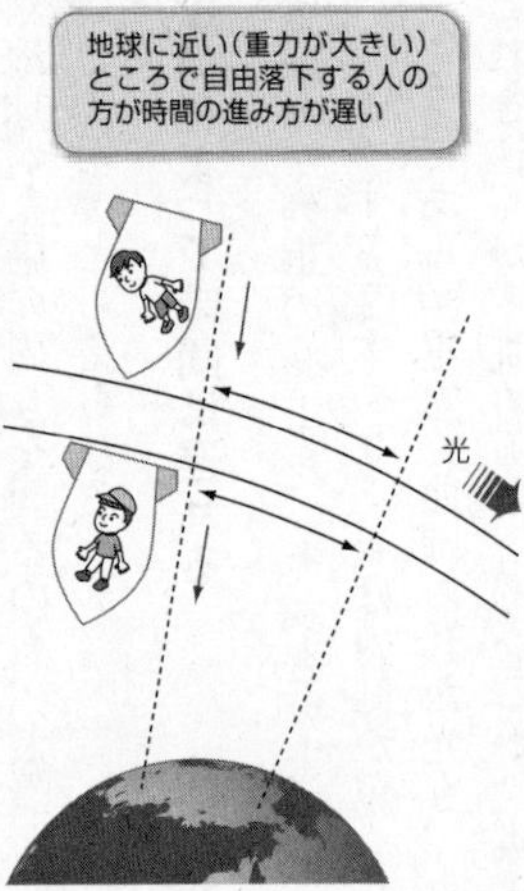
地球に近い（重力が大きい）ところで自由落下する人の方が時間の進み方が遅い
光

成り立たなくなる。観測した光が曲がっているということは、内側と外側の移動距離が異なって観測されたということだ。もちろん、眺めている1つの慣性系で2つの時間が流れることはあり得ない。だから見かけは光速が変わって見える。

もっとも、その光とともに、光を曲げている重力に向かって自由落下する人から見れば、ここでも『光速度不変の原理』が成り立つ。光のカーブの外側にいる人にとっても、内側にいる人にとっても、光は秒速30万キロメートルである。ということは、外側より内側の方が時間のたつのが遅いということである。そこでアインシュタインが出した結論は、

「重力が大きいほど時間の流れが遅い」ということだ。

この時間の遅れは、162ページで解説した特殊相対性理論のものとは違う。〝特殊〟での時間の遅れは、相対運動をするものたちにとって、お互いさまの現象だが、〝一般〟の時間の遅れは、絶対的な遅れなのである。

●物質と時空も影響しあっている

アインシュタインは特殊相対性理論では、空間と時間を別々のものではなく、お互いに影響しあうものとしてとらえ、それまでの絶対空間、絶対時間を否定した。一般相対性理論では、これをさらに進め、物質が空間をゆがめ、時間を遅らせるということを暴いた。物質は時空のなかに独立して存在するのではなく、この三者は密接に関わり合って存在する。これが相対性理論の結論なのである。

第4章

量子論が明かす自然の本性

『相対性理論』と並んで、20世紀の物理学の双璧をなすのが『量子論』である。量子論は物質を細かく分割していくことで、自然の本性に迫る学問だが、その結果は、常識が通用しない摩訶《まか》不思議なものとなる。そして、自然の本性を知ることは、すなわち、この宇宙の成り立ち、誕生の謎を知ることにつながっていく。

量子論の発端①

再び、光の謎に迫る

●電磁波は振動数で姿を変える

光の正体は粒子か、それとも波か？　154ページで書いたとおり19世紀末には、ほぼ波動説が勝利を収める形となっていた。また、電磁波のなかでの光の位置づけもわかってきた。

波が一定時間に振動する回数を振動数というが、この数で電磁波は性質を変える。例えば1秒間に100万回程度振動する電磁波がラジオ放送の電波、10兆回程度振動する電磁波が赤外線である。そして、1000兆から1京《けい》回程度振動する電磁波が光（可視光線）となる。光のなかでも、振動数が少ないのが赤、それより少し多いのが橙《だいだい》。以下、振動数を上げていくと黄、緑、青、藍《あい》、紫と色が変わる。そして、さらに数多く振動している電磁波が、紫外線やX線、γ《ガンマ》線である。

このように理解されはじめた光だが、その一方で媒質とされるエーテルの存在は、依然として疑わしい（そして、後に存在が否定されるのは155ページで見たとおり）。

電磁波とは何か

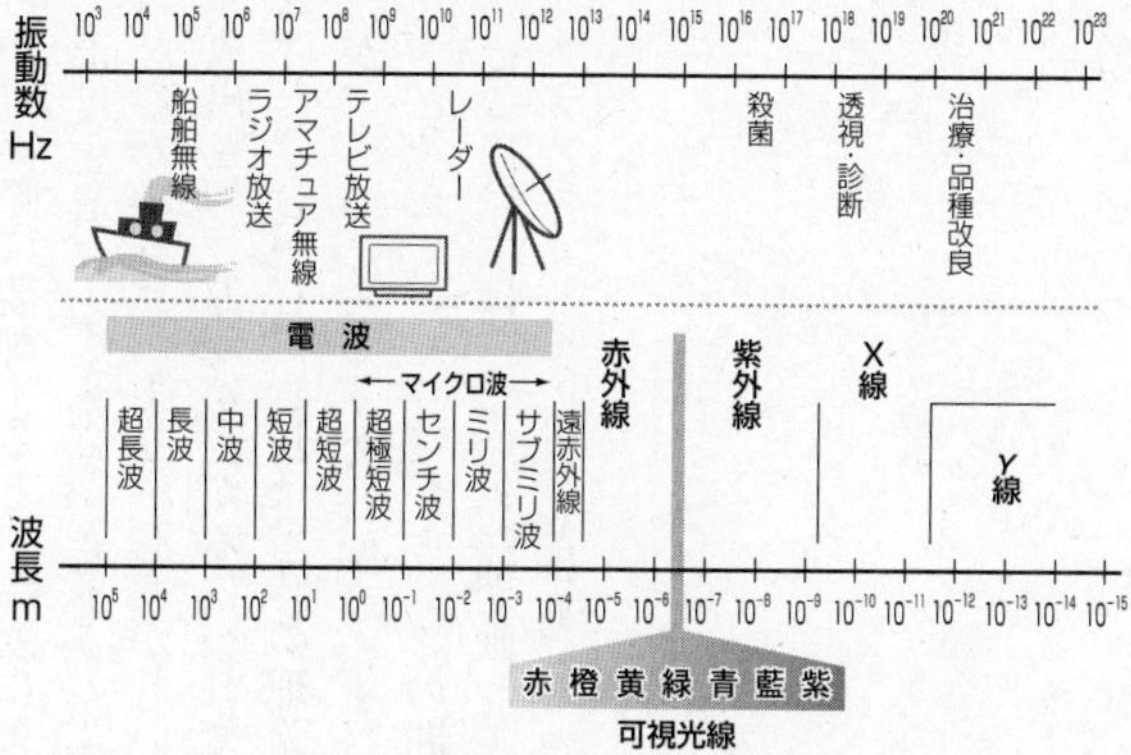

ならば、光は粒子ということになるが、それでは光が干渉して縞《しま》をつくる現象を説明できない。また、光と電磁波の関係、さらにはマクスウェルの電磁気学も否定されてしまうわけだ。

●鉄は温度によって色を変える

光にはもう1つ大きな謎があった。ご存じのように、木炭や鉄などを熱すると光る。熱運動のエネルギーによって、光が放たれるのだが、そこにはいろいろな振動数の光が含まれるはずである。当時の理論によると、エネルギーは様々な振動数の電磁波に平等に振り分けられることになるからだ。

ところが、実際に観測すると、温度によって放射される光の振動数にはかたよりがある。温度上昇にともない、はじめは赤く光る鉄が、徐々に白くなっていくのも、そのためである。つまり、温度が低いときは、赤や黄といった振動数の小さな光だけが放出され、温度が上がるにつれて、青や藍といった振動数の大きな光も出てくるわけだ。しかし、これは当時の理論とは相容れないものだった。

余談だが、このころ多くの科学者たちは、「自然は調べつくされ、物理学はほぼ完成した」と考えていた。だから、この問題も〝些細《ささい》な謎〟といった扱いだった。しかし、そこにはすばらしい鉱脈が眠っていたのだ。掘り当てたのは、ドイツの物理学者、プランク(1858〜1947)である。

量子論の発端②

プランクが考えた"量子"とは

●光はある塊になって放出される

プランクは、光はある一定のエネルギーを持つ塊でしか存在しないという仮説を立てた。だから、光の持つエネルギーはとびとびの値を取る。そして、その光の塊の大きさは振動数によって決まる。振動数の小さな光は塊が小さく、大きな光ほど塊が大きい。

ここで、赤、緑、青の光を、振動数に応じた大きさの玉と考えてみる（187ページの図を参照）。赤い玉はビー玉ぐらい、緑の玉は野球の球ぐらい、青い玉はサッカーボールぐらいである。そして、熱運動のエネルギーは、玉をすくう容器と考える。

このモデルで、温度が低いということは、容器が小さいことに相当する。例えばコップぐらいだとすると汲《く》み出せる玉は、赤のビー玉だけである。つまり飛び出す光は赤だけだ。

温度を上げて、容器をバケツぐらいにすると、今度は緑の野球の球も汲み出せる。赤と緑の光が飛び出すので、光は黄色くなる。さらに温度を上げ、容器を大きな樽《たる》ぐらいにすると、青のサッカーボールも汲み出され、赤、緑、青の光すべてが飛び出し、白く見えるというわけだ。

これがプランクの量子仮説だが、実験結果ともよく一致した。そして、光の塊の大きさは、その振動数（ν《ニュー》）に定数（h）をかけた（hν《ハーニュー》）の倍数であることも突きとめた。この定数（h）は現在、プランク定数（h：6・626×10^{-34}［ジュール・秒］）と呼ばれている。

●自然界はデジタルである

このプランクの仮説が登場する以前、世界は連続した、なめらかなものだと考えられてきた。温度なら10℃と11℃の間には11・5℃があり、その間には無限の段階があるとされていた。

ところが、エネルギー量子という考え方は、これを根本的に覆した。光のエネルギーには「hν」という最小単位（量子）があり、光は1hν、2hν、3hν……という、hνの整数倍のエネルギーは持てるが、1・3hνというような端数のあるエネルギーは持てないのである。

光をエネルギーの粒と考える

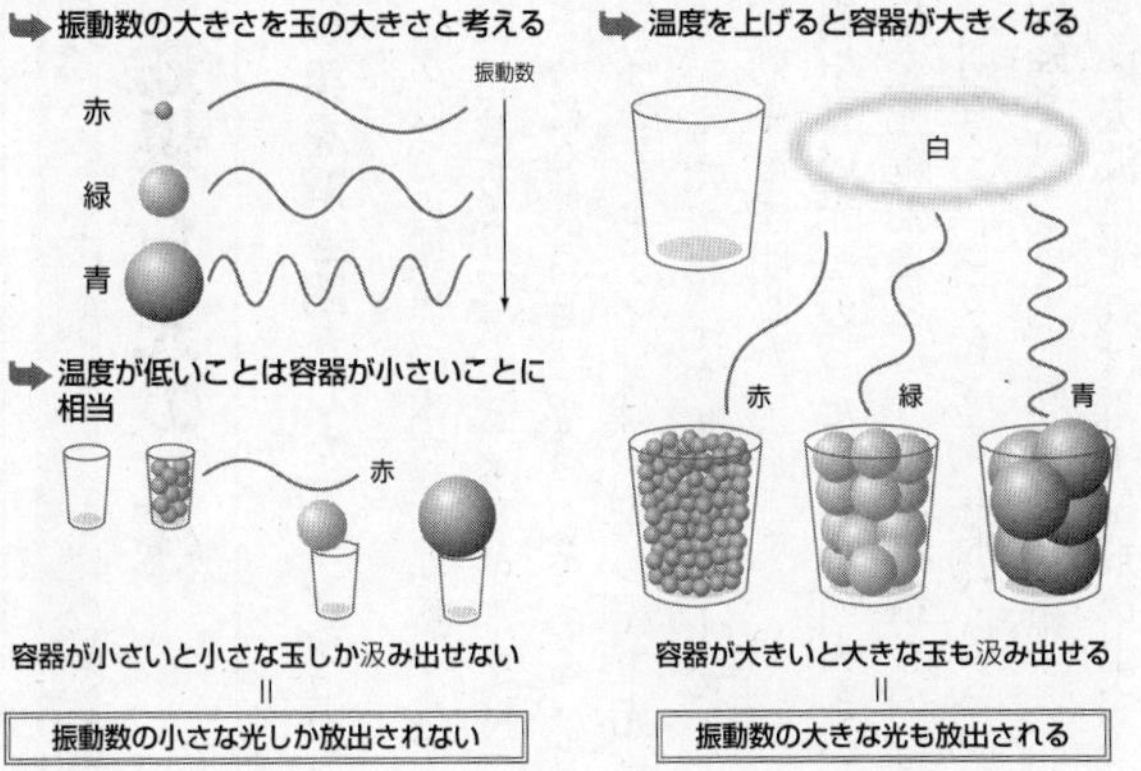

振動数の大きさを玉の大きさと考える
振動数
赤
緑
青
温度が低いことは容器が小さいことに相当
赤
容器が小さいと小さな玉しか汲み出せない
=
振動数の小さな光しか放出されない
温度を上げると容器が大きくなる
白
赤
緑
青
容器が大きいと大きな玉も汲み出せる
=
振動数の大きな光も放出される

光のエネルギーの変化を坂で表すと、それはなめらかなスロープではなく、階段になる。ただし、プランク定数を見てわかるように、その段差はあまりに細かい。そこで人類はずっと、段差には気がつかず、世界はなめらかだと思い込んできたのである。

量子論の発端③

光電効果と、光の正体

●光電効果を解き明かしたアインシュタイン

プランクは、自然界の本質を連続したアナログではなく、とびとびのデジタルだと考え、「光はある一定のエネルギーを持つ塊で存在する」とした。この画期的な仮説を、さらに発展させ、「光は粒である」としたのが、若き日のアインシュタインである。アインシュタインは、光の粒を光量子《こうりょうし》と名づけ、振動数νの光は$h\nu$のエネルギーを持った光量子が集まったものだと考えた。そして、この『光量子仮説』で、光電効果を説明した。

紫外線や青い光といった振動数の大きい電磁波を金属に浴びせると、電子が飛び出す現象を光電効果という。不思議なのは、振動数が小さい赤い光の場合、どんなに強く（明るく）しても電子は飛び出さないことだ。海の波を考えてもわかるように、波の強さは、上下に動く幅（振幅）に関係する。どんな振動数の光だろうと、振幅の大きい大波にすれば電子は飛び出すように思えるのに、そうではないのだ。

光電効果

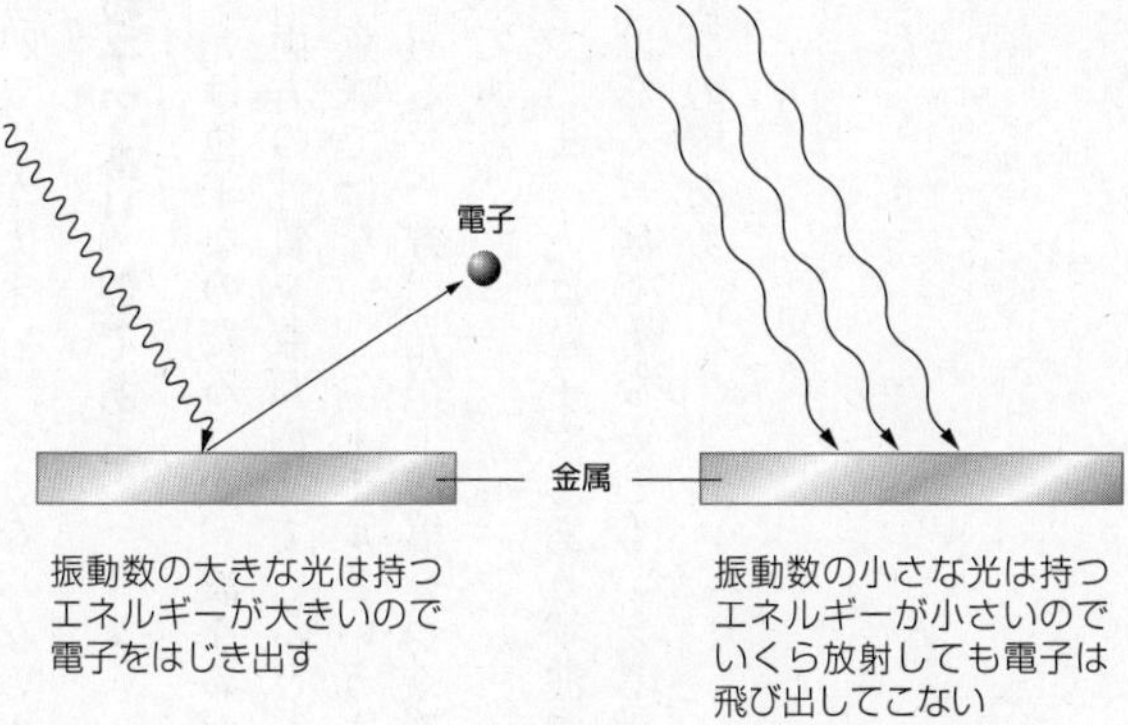

振動数の大きな光は持つエネルギーが大きいので電子をはじき出す
振動数の小さな光は持つエネルギーが小さいのでいくら放射しても電子は飛び出してこない

アインシュタインの考え方はこうだ。

1粒の光量子が、1粒の電子をはじき出すが、それには1粒の光量子が、ある数値以上のエネルギーを持たなければならない。振動数の小さな光は、1粒の光量子のエネルギーが小さく、電子をはじき出せないのだ。この説によると、光を強く（振幅を大きく）することは、光量子の数を増やすことに相当するが、いくら粒を増やしても、1粒の光量子が持つエネルギーは少ないままなので、電子は飛び出してこないことになる。

光が波なら、こんなことはない。海の波を考えればわかるように、大波の方がパワーが大きい。そうならないのは光が粒である証拠だというわけだ。

●光は粒子であり、波である

結局、光は粒子なのだろうか、波なのだろうか。現在、光は、粒子でもあり波でもあり、両方の性質を兼ね備えているとされる。これは、粒子が波打って進んでいるという意味ではない。エーテルというような媒質がなくても進むのは、光が粒子だからである。一方、光が干渉縞をつくるのは光が波だからである。光は2つの顔を持つのである。

ところでいま、光は粒子でもあり、波でもあると書いたが、見方を変えれば、光は粒子ではなく、波でもないともいえる。私たちの感覚からすると、光はそんな奇妙な存在なのである。

量子論の発端④

原子の構造を探る

●古代からの問い「物質とは何か？」

「万物は何からできているのか？」「自己とは何か？」とか、「宇宙の果てはどうなっているのか？」とともに、人類が古くから考え、そしていまだに決着のついていない疑問である。

物質を細かく分けていくと、限られたいくつかの元素に行きつくという考え方は古く、東洋では木・火・土・金・水の５つを元素とする五行説が、西洋では水・空気・火・土の４つを元素とする四元素説が広く知られている。また、古代ギリシャのデモクリトス（ＢＣ４６０頃～ＢＣ３７０頃）は、無から生まれ、再び消滅する究極の微粒子、アトムが万物を構築すると論じている。

近代的な元素の考え方は、ドルトン（１７６６～１８４４）の原子説に始まり、アボガドロ（１７７６～１８５６）の分子説、メンデレーエフ（１８３４～１９０７）の周期律の発見などによって発展。19世紀末から20世紀はじめには、トムソン（１８

原子の構造

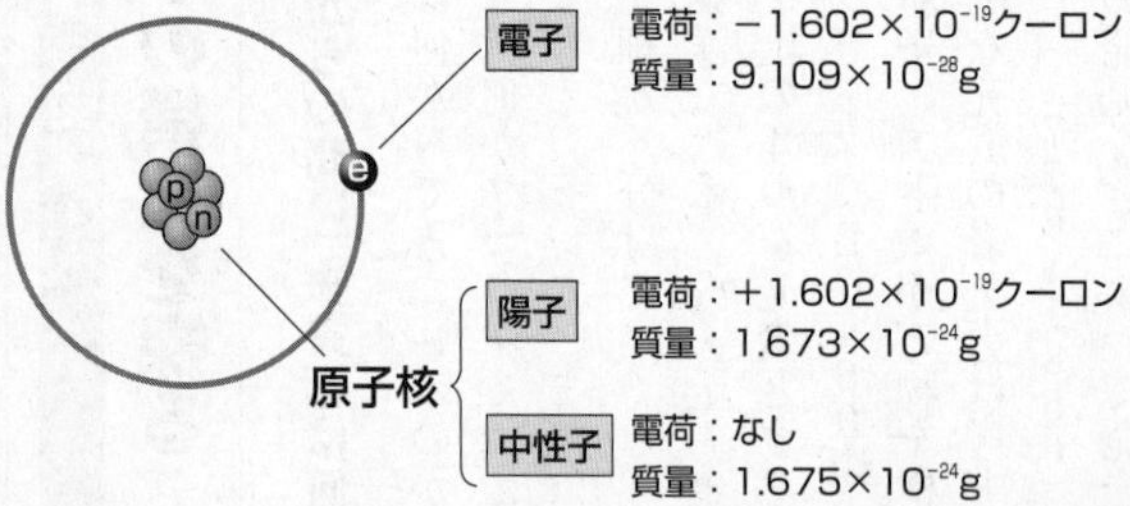

原子の大きさは約10^{-10}m、電気的には中性。
原子核は原子の中心に位置し、大きさは10^{-14}～10^{-15}m。
また、電子は陽子や中性子よりはるかに小さく、大きさは測定できていない。

56～1940）の電子の発見、ラザフォード（1871～1937）による原子核の発見などによって、当初は「それ以上分割できないもの」とされた原子も、実は「分割できるもの」ということが明らかになり、その構造も少しずつわかってきた。

●約90の元素が物質の根源

そして、1930年代当時、究極の粒子は原子ではなく、それを構成する陽子、中性子、電子の3粒子とされた。陽子はプラスの電荷を持ち、重さは約1・7×10^{-24}グラム。中性子は電荷を持たず、重さは陽子とほぼ同じ。電子はマイナスの電荷を持ち、重さは陽子の約1837分の1の9・1×10^{-28}グラム。陽子と中性子が原子の中心の原子核をつくり、その周りを電子が回る。これが原子のごく大ざっぱな構造である。

この原子が、天然では約90ある元素の最小単位となる。どの元素になるかは陽子の数で決まり、陽子の数は、その元素の原子番号ともなる。例えば、陽子を1つ持つ原子は水素原子となり、原子番号は1となる。陽子を6個持てば炭素原子（原子番号6）となり、陽子を26個持てば鉄原子（原子番号26）となる。また、原子核には陽子と同数か、やや多い中性子が含まれ、両粒子を合計した数を質量数と呼ぶ。さらに原子核の周りには、普通は陽子と同数の電子が回る。そして、この電子の配置や振る舞いによって、元素の性質が決まる。これが当時の物質に対する大まかな知見であった。

量子論の発端⑤

原子の構造をめぐる謎

●電子はなぜ原子核に落っこちない？

原子核と電子を基本粒子とし、その組み合わせで、あらゆる元素の原子がつくられる。この考え方を展開していくことで、物質の化学的性質などは、ほとんど説明がついた。しかし、原子の構造や成り立ちなどには、まだまだ謎があった。

例えば、電子がなぜ原子核に落っこちてしまわずにいられるかというのも、大きな謎だった。原子核の存在を確かめたラザフォードによる原子模型は、原子の中心に位置する比較的重い原子核と、原子核の周りを回る、比較的軽い電子からなる。

原子核はプラスの電荷を持ち、電子はマイナスの電荷を持つから、両者が引き合い、軽い電子が原子核の周辺を回る。電子が回っていると考えられるのは、じっとしていては、原子核に引き寄せられてしまうからだ。たとえていえば、太陽の周りを惑星が回る太陽系のようなものだ。

しかし、電磁気学によると、電子が回っていても、原子核に落っこちてしまうこ

図1　電子が原子核に落ちてしまわないのはなぜか

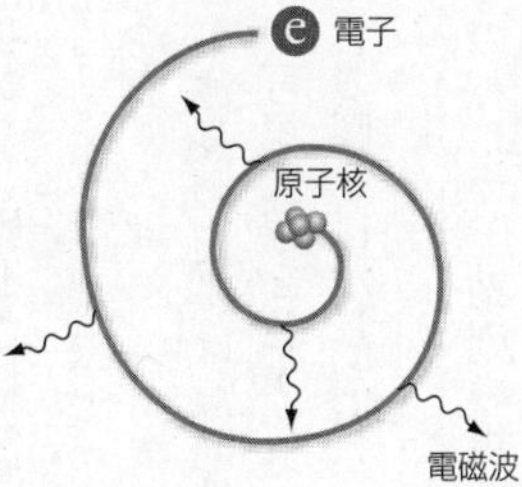

図2　水素原子が放つ光の波長には規則性があった

赤 656.210nm=a

青 486.074nm=b

藍 434.010nm=c

紫 410.120nm=d

$$a:b:c:d \fallingdotseq \frac{9}{5}:\frac{16}{12}:\frac{25}{21}:\frac{36}{32}$$

$$=\frac{3^2}{3^2-2^2}:\frac{4^2}{4^2-2^2}:\frac{5^2}{5^2-2^2}:\frac{6^2}{6^2-2^2}$$

となる。電子はマイナスの電気を持つが、これが回転すれば、電場が動き、さらに磁場が動く。そして、連鎖的にこの現象が起こり、電磁波が飛び出すはずである。

これにともなって電子のエネルギーが徐々に失われ、ついには原子核に落ちる。計算によると、その時間はわずか1000億分の1秒。しかし、現実にはそんなことは起きない。

●ヒントはバルマー系列にあった

ラザフォードの原子模型では説明のつかない現象は他にもあった。例えば、わずかな原子を真空の管に閉じこめ放電すると、元素ごとに特有の光を放つ。しかも、放出されるのは常に決まった波長（1回の振幅の長さ。光速を振動数で割ったもの）の、いくつかの光であり、その波長は連続しておらず、とびとびの値を取った。

さらに、この波長の間には規則性があった。例えば水素原子の場合、赤、青、藍、紫の4つの可視光線を発するが、その波長は簡単な整数の比となる。具体的な関係を前ページの図2に示したが、これは、発見者の名前を取ってバルマー系列と呼ばれる。

そして、このバルマー系列の規則性にこそ、原子の構造を探るカギがあると考え、そこに潜む謎を見抜いたのが、デンマークの理論物理学者ボーア（1885〜1962）であった。

量子論の発端⑥

電子は粒子でもあり、波でもある

バルマー系列の規則性を知らされたボーアの頭のなかに、あるひらめきがうかんだ。常日頃、悩んでいた「電子がなぜ原子核に落ちていかないのか」という謎の答えを、そこに見たのである。

ボーアの考えはこうだ。水素原子への放電によって生まれる光は、一度原子核から引き離された電子が、再び近づいたとき放出するエネルギーである。これが常に同じ色ということは、エネルギーの量が同じなのである。つまり原子核に対する電子の軌道は、決まっているのではないだろうか。

●ボーアの原子模型

ここから導き出されたのが、199ページの図1に示したボーアの原子模型である。電子は原子核を同心円上に取り囲み、一定の規則で、とびとびに電子軌道が並ぶ。電子はこのとびとびの軌道上にのみ存在できるので、原子核に落ちていくこともない。また、電子が軌道上を回っているときは、電磁波は放出されない。さらに、電子軌道間を電子が移動するとき、軌道間のエネルギー差に応じたエネルギーを持つ電磁波が放出される。もっとも、このボーアの仮説には、実験による根拠はない。こう考えれば説明できるというものであった。

●ド＝ブロイの物質波

では、どうして電子軌道はとびとびでしか存在しないのか。また、各軌道のでき方に一定の約束があるのはどういうことなのか。

これを解決したのが、ド＝ブロイ（1892〜1987）であるが、その発想のヒントにアインシュタインの『光量子仮説』（188ページ参照）があった。

光量子仮説では、それまで波と考えるのが常識だった光を粒子でもあるとした。ド＝ブロイは、これとは逆に、それまで粒子と考えるのが常識だった電子を波でもあるとしたのだ。

電子がとびとびの軌道でしか存在できないのも、電子が波であれば納得がいく。電子の波が原子核を取り巻いていると考えたとき、次ページの図2のように、軌道の円周が、波の波長で割り切れないと、存在できない。もし、これがズレていると、ズレによって波の山と谷が打ち消しあい、波自体が消滅してしまう。各軌道が整数倍になることも、これで説明がつく。

図1　ボーアの原子模型

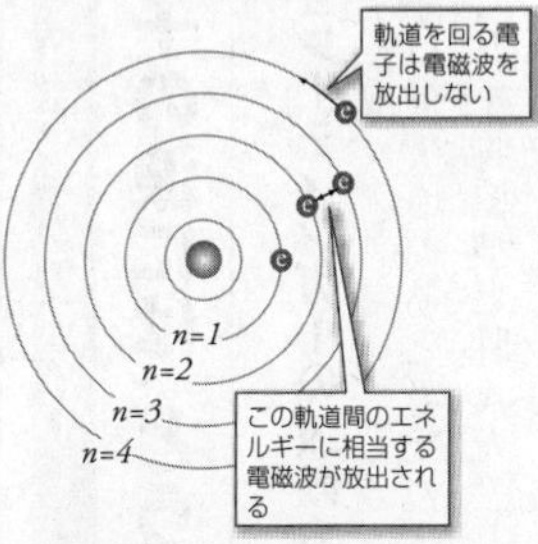

原子核の同心円上にいくつかの電子軌道があり、電子は、その軌道のみに存在する。水素が放つ光がいつも同じ波長で規則性を持つのは、電子が軌道間を移動するときのエネルギーが決まっているからである。

図2　電子の波

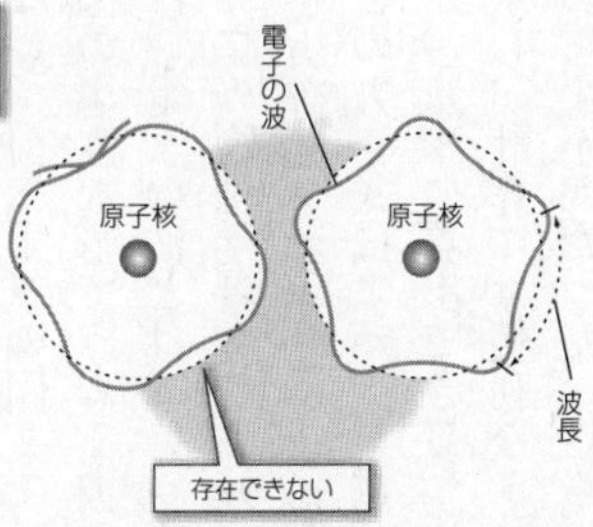

電子の波長が円周の整数倍でなければ、波は打ち消しあってしまうので存在できない。

しかし、電子は粒子性と波動性をともに持つという考え方を発展させると……。そこにはとんでもない結論が待っていたのである。

量子論の核心に迫る①

電子の波には、どういう意味があるのか

●シュレーディンガーの波動方程式

電子は波でもあると考えたド＝ブロイは、さらにあらゆる物質が波でもあると主張。これを物質波と呼んだ。しかし、電子は波だとわかっても、その実体がよくわからない。前ページの図2では説明のため、線で波を描いているが、ミクロの世界に、図のような形でうねる波があるわけではない。

では、電子の波とは、いったい何を意味するのだろう。同様の疑問を持ったオーストリアの物理学者、シュレーディンガー（1887〜1961）は、物質波の伝わり方を方程式で表すことに成功した。いわゆるシュレーディンガー方程式であるが、この方程式によって、電子の波の伝わり方や、原子中の電子が持つエネルギーなどが、正確に算出できる。

しかし、計算には便利なシュレーディンガー方程式も、その意味するところは、相変わらず不明だった。さらにシュレーディンガー方程式には、虚数である i が含

波動関数の意味するもの

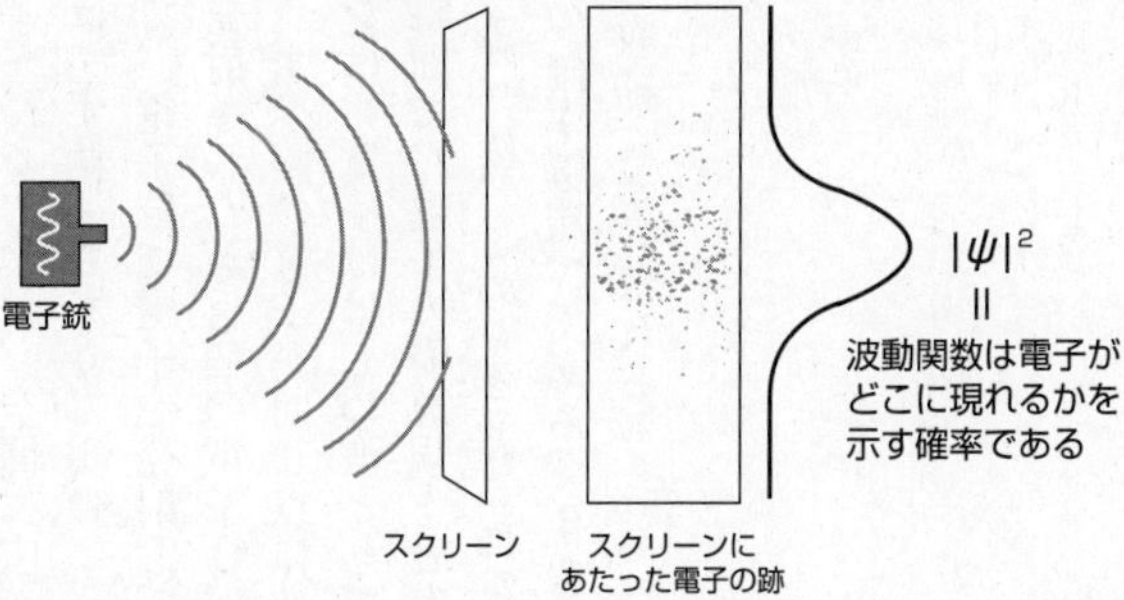
電子銃
$|\psi|^2$
=
波動関数は電子がどこに現れるかを示す確率である
スクリーン
スクリーンにあたった電子の跡

電子銃から発射された電子がスクリーンにぶつかることで「波束の収縮」を起こし、1点に姿を現す。

まれる。虚数とは2乗するとマイナス1になる想像上の数であり、実世界にはないものだ。また、このためシュレーディンガーの方程式に従う波動関数（ψ《プサイ》）は、実数と虚数が組み合わさった複素数となる。つまり、電子の波は複素数の波だというわけだ。では、波動関数は何を表すものなのか。謎は深まるばかりだった。

●電子の波は〝電子の発見確率〟である

空間に広がる電子の波とは、粒子である電子を発見する確率なのだと考えたのが、ボルン（1882〜1970）である。波動関数によれば、電子がつくる波は、空間に広がる雲のように見える。しかし、電子が観測されるときは必ず粒子であり、雲のような姿の電子が観測されたことは一度もない。

ここで、電子銃で電子を発射し、これをスクリーンにあてる実験を考える。電子銃から発射された数百個の電子は、スクリーンにあたり、前ページの図のような跡を残す。すべての電子が同じ点にあたるのではなく、雲のように広がる。

ボルンは、電子ははじめ波として進み、スクリーンにあたった瞬間、つまり観測された瞬間に、粒子の姿を現すと考えた。そして波動関数（正確には波動関数ψの絶対値の2乗）は、このときどこに電子が現れるかを示す確率だとした。これが『波動関数の確率解釈』である。また、観測によって電子の波が1点に決まることは「波束の収縮」と呼ばれる。

量子論の核心に迫る②

ダブルスリットの実験で見えてくる電子の姿

●1つでも電子の波は干渉する

前ページで解説した『波動関数の確率解釈』や「波束の収縮」は量子論の核心となる概念なので、もう少し詳しく解説したい。

再び、電子銃を使った実験を考える。今度は、電子銃とスクリーンの間に2つのスリットが入った板を挟む。そして、数百個の電子を発射すると、スクリーンには、電子の干渉縞が見えてくる。

波として進む電子は、次ページの図のように2つのスリットを通り抜けた後、お互いに干渉し、その干渉波がスクリーンで「波束の収縮」を起こす。干渉波が持つ波動関数の確率に応じて、電子が粒子としての姿を現すわけだ。

次に同じ装置で、電子を1つずつ発射するとどうなるか。1つの電子は、複数の電子を発射したときの1電子と同じように、スクリーンに点状の跡をつける。よって、いくつもの電子を連続して発射し続けると、先ほどの実験でできた縞模様と同

ダブルスリットを使った実験

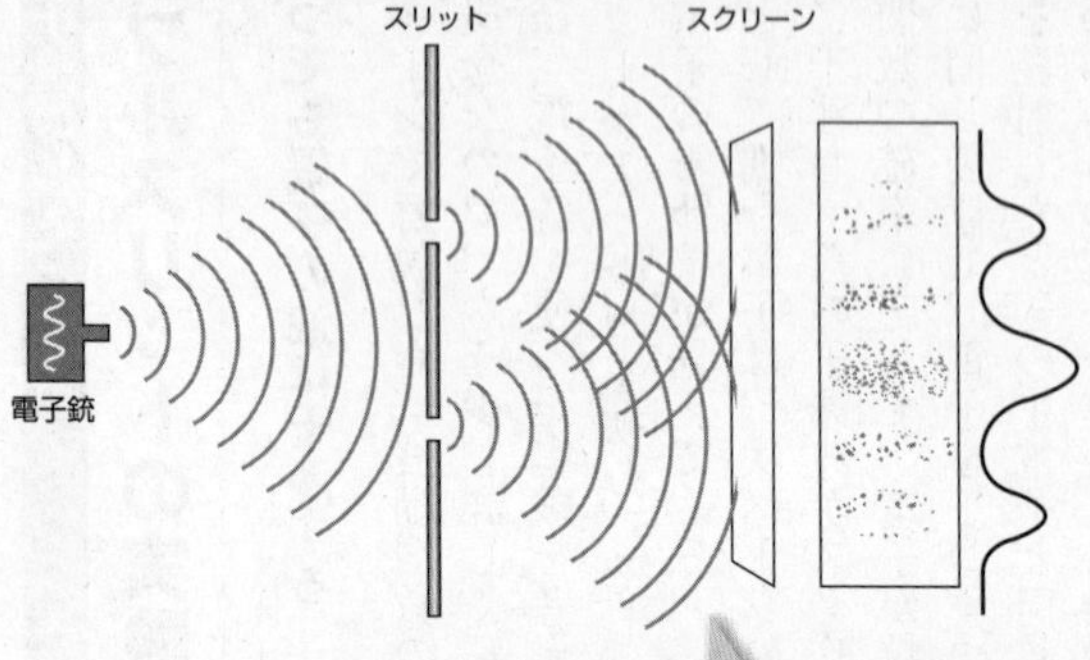

スリットを通り抜けた2つの波は干渉波となり、スクリーンで「波束の収縮」を起こす

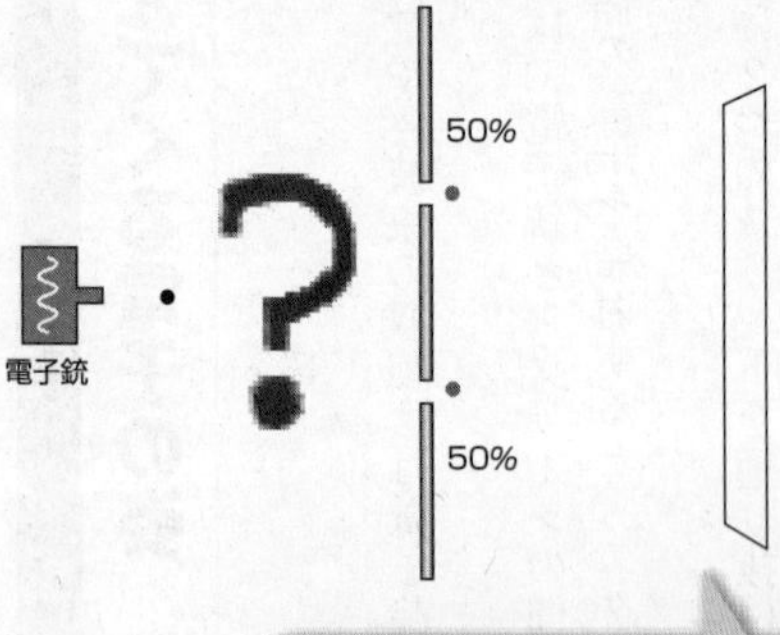

電子を1つずつ発射しても、スクリーンには干渉縞ができる。では、電子を粒子として考えたとき、1粒の電子はどちらのスリットを通り抜けたのだろうか

じ干渉縞ができるのだ。

さて、ここで大きな疑問が湧く。1つだけ発射された電子は、左右2つのスリットのうち、どちらを通ったのだろうか。干渉縞が生まれるのだから、電子は波として50％が右のスリット、50％が左のスリットを通ったと考えられる。しかし、粒子としての電子は1つであり、これが2つに分かれることはないとも考えられる。この矛盾に次ページで迫る。

量子論の核心に迫る③

人間には粒子の姿しか見せないのが電子

●観測の有無で、電子は振る舞いを変える

204ページの実験で発射した、1つの電子はどういう経路をたどりスクリーンに届くのか。この疑問を解くため、2つのスリットの出口に電子検出器をつけて、同様の実験が行われた。

この結果、発射された1つの電子は、どちらか一方のスリットのみを通ることがわかる。両方のスリットに、電子が半分ずつ通るということはない。さらに、続けて電子を発射し続けると、スクリーンには意外な結果が現れる。先ほどと違い、干渉縞ができないのだ。できるのは次ページの図のように、左右それぞれのスリットをふさいだときの電子分布をあわせたものとなる。検出器の有無で、スクリーンに描かれる電子分布が変わるわけだ。

非常に不思議な現象だが、ポイントは観測による「波束の収縮」にある。検出器で電子の位置を確認したとたん、それまでスリットの板全体に広がっていた波は

電子検出器を置くと

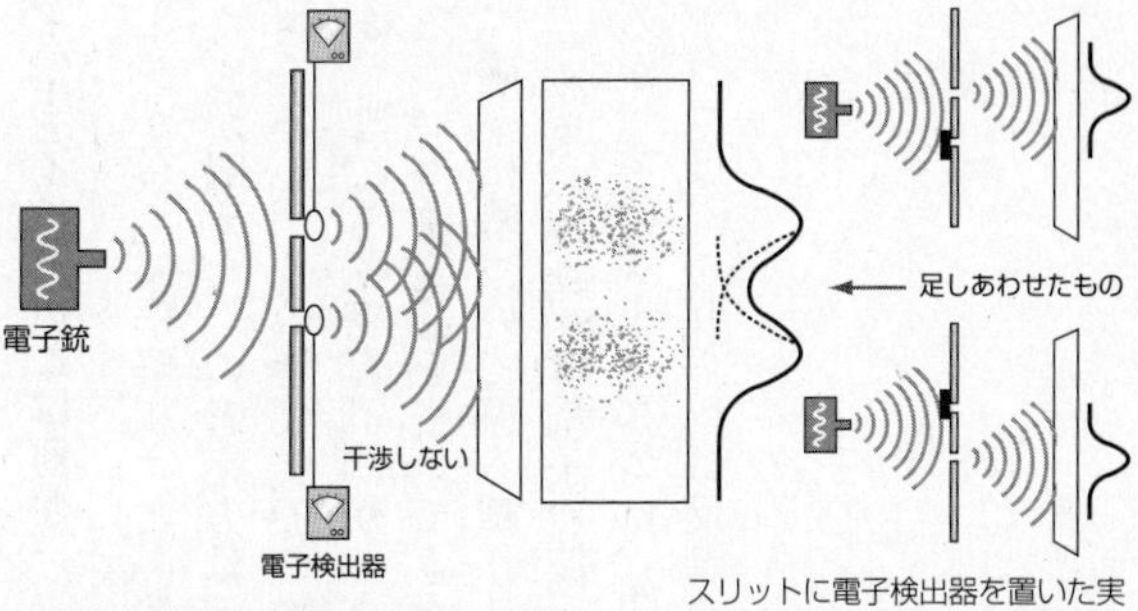

電子検出器を置いた場合、204ページの実験のような干渉縞はできない。
電子は自分が見られているときとそうでないときには、違う振る舞いをするのだ。

スリットに電子検出器を置いた実験でできるスクリーンの電子の跡は、一方のスリットをふさいで電子を発射したときの跡、2つを単純に足しあわせたものになる。

「波束の収縮」を起こす。粒子である電子は50％の確率で左右どちらかのスリットに現れ、そこから再び波として広がっていく。これは1つの電子が片側のスリットから発射されたのと同じことだから、干渉は起きない。そして電子の波は、スクリーンで再び1点に収縮する。

一方、電子検出器なしの実験では、電子がスリットを通るとき、その位置は観測されないので「波束の収縮」は起きず、波のまま、50％は右、50％は左のスリットを通る。そして、両スリットから出た2つの波が干渉波となり、スクリーンに届き「波束の収縮」によって、1点に現れるわけだ。

●コペンハーゲン解釈とは何か

200ページから「確率解釈」と「波束の収縮」を考えてきたが、ボルンに始まり、ボーアたちが唱えたこの考え方は、コペンハーゲン解釈と呼ばれる。しかし、これには批判も多い。この時代までの物理学でも、「確率」は利用されてきた。しかし、それはあくまでも厳密な計測ができないからであり、本質的には何事もすでに決定しているという決定論を貫いてきた。ところがコペンハーゲン解釈では、電子は本質的に、確率に基づいて振る舞うことになる。

一方、「波束の収縮」は電子の波がマクロな物体と相互作用することで起きると考えられるが、そのメカニズムは、現在でも不明である。

次ページでは、これらへの反論を取り上げる。

量子論の核心に迫る④

コペンハーゲン解釈への反論

●神はサイコロ遊びをしない

次に起きる日蝕の時刻と場所。投げたボールの軌跡。これらはすべて、動き出した瞬間に決まっており、正確に計算で求められる。これがニュートン力学の立場である。

量子論のコペンハーゲン解釈は、こういった決定論的自然観とは、根本的に異なる。電子がどこにいるかは確率でしか予想できず、「波束の収縮」後の電子の振る舞いは、それまでの振る舞いと因果関係がない。アインシュタインはこれを「神はサイコロ遊びをしない」と批判した。量子論が確率解釈に留まっているのは、理論が未完成だからであり、本来は決定論に従うという主張だ。

●「シュレーディンガーの猫」とは

「波束の収縮」は、電子の波とマクロな物体との相互作用で起きるというのが、一般的なコペンハーゲン解釈である。しかし、なかには「観測機器とて原子でできている」ということから、「波束の収縮」は、電子の波の測定結果を、人間の脳が認識したときに起こると主張する学者も出てきた。例えば、コンピュータの開発者として名高い、フォン＝ノイマン（1903〜1957）などである。

これに反発したのが、シュレーディンガーである。シュレーディンガーは量子論の創始者の一人でありながら、確率解釈には批判的であり、後に「量子論に関わったことが悔やまれる」とまでいっている。

彼の意見はこうだ。

なかが見えない箱に、猫と毒薬、放射性物質、放射線検出器を入れる。放射性物質が崩壊すると検出器が感知、毒薬が流れ、猫が死んでしまうという仕組みである。ところが放射性物質の崩壊は、量子論によると確率でしかわからない。例えば、1時間のうちに崩壊する確率は50％というぐあいである。

さて、この箱を設置して1時間たったとき、なかの猫はどうなっているだろう。コペンハーゲン解釈によると、観測しなければ「波束の収縮」は起こらないので、猫は半分生きていて、半分死んでいる重ね合わせの状態になる。こんなバカなことがあるのかと、シュレーディンガーはいうのである。

この「シュレーディンガーの猫」の話はいまだに決着がついていないが、さらに

シュレーディンガーの猫

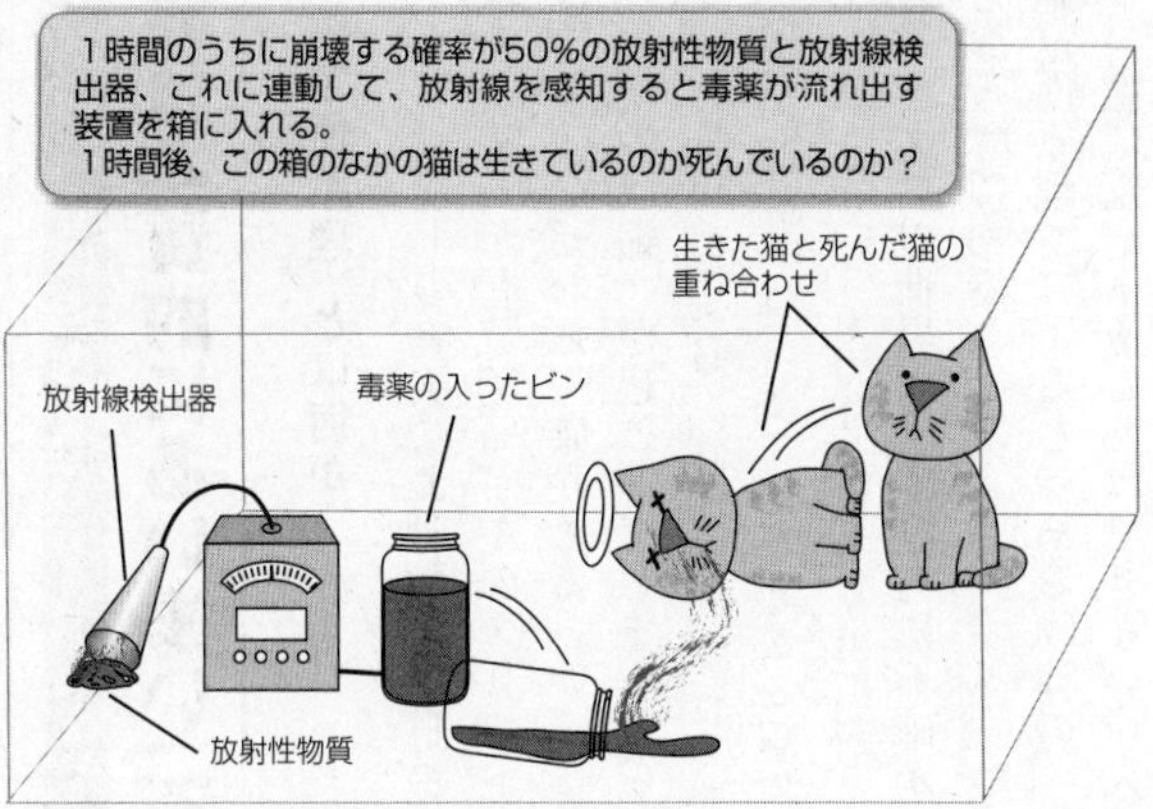
１時間のうちに崩壊する確率が50%の放射性物質と放射線検出器、これに連動して、放射線を感知すると毒薬が流れ出す装置を箱に入れる。
１時間後、この箱のなかの猫は生きているのか死んでいるのか？
生きた猫と死んだ猫の重ね合わせ
放射線検出器
毒薬の入ったビン
放射性物質

思いがけない仮説がここから生まれている。この仮説については303ページで解説する。

量子論の核心に迫る⑤

世界は本質的にあいまい、不確かである

●『不確定性原理』とは何か

ダブルスリットの実験によると、観測されていないとき、1粒の電子は波として振る舞い、50％が右、50％が左のスリットを通るとされた。しかし、これを確かめる術《すべ》はない。なぜなら、確かめるということは、すなわち観測することであり、そこで「波束の収縮」が起こってしまうからだ。

ミクロの世界の場合、観測という行為が、観測されるものに与える影響が大きく、「波束の収縮」は、そこから起こる現象ともとらえられる。ドイツの物理学者、ハイゼンベルグ（1901〜1976）は、こういったミクロの世界の観測について考察し、ミクロの世界は、本質的に不確かであるという結論を導いた。これが『不確定性原理』である。

『不確定性原理』によると、ある物体の「位置」と「運動量」を測定し、両者をただ1つの値に確定することはできない。人類の測定技術が未熟だとか、自然に対す

「位置」と「運動量」は同時に確定できない

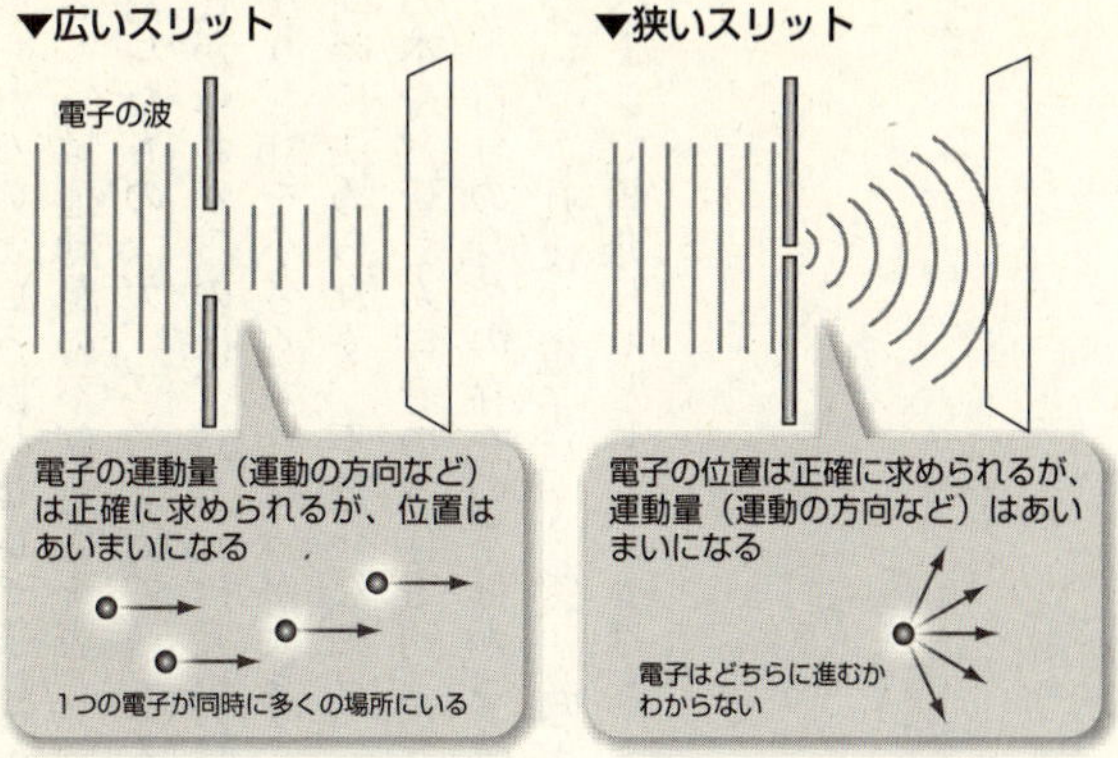
▼広いスリット
電子の波
電子の運動量（運動の方向など）は正確に求められるが、位置はあいまいになる
1つの電子が同時に多くの場所にいる
▼狭いスリット
電子の位置は正確に求められるが、運動量（運動の方向など）はあいまいになる
電子はどちらに進むかわからない

る知識が足りないからという理由ではなく、原理的、本質的に不可能なのだ。

ここでまた電子の波とスリットの実験をしてみよう。上の図のようにスリットを広くすると、スリットでの電子の運動量は、かなり正確に求められるが、位置はかなりあいまいになる。逆にスリットを狭くすると、位置はほぼ正確に求められるが、今度は運動量があいまいになる。そして、このあいまいさこそが、自然の本質だというわけだ。

●私たちの周りの物体が不確かではないわけ

電子の「位置」と「運動量」を同

時に決められないという関係は$\Delta x \times \Delta p \geqq \hbar /2$という式で表される。$\Delta x$は位置の不確定さ、$\Delta p$は運動量の不確定さを表し、$\hbar$は186ページで紹介したプランク定数を2$\pi$で割ったもの（ディラック定数）である。

この式からわかるのは、ΔxとΔpは互いに干渉しあっており、Δxを絞り込めばΔpが大きくなり、Δpを小さくすればΔxが大きくなることだ。ところで、「位置」と「運動量」が同時に決められず、不確かなのは、電子に限ったことではない。いま読んでいるこの本や、皆さん自身の身体も同じである。

しかし、自分の身体の存在の不確かさというのは、哲学的にはあっても、物理学的にはない。これは、電子にくらべて私たちの身体が、あまりに大きいからである。186ページで紹介したとおり、hは6・626×10^{-34}［ジュール・秒］しかないのだ。

量子論の核心に迫る⑥

量子論と相対性理論を融合する

●真空で生まれては消える物質たち

前ページでは、「位置」と「運動量」が$\Delta x \times \Delta p \geqq \hbar/2$という式で表され、片方を決めようとすると、もう片方がぼやけてしまうことを解説した。これと同様の関係は「エネルギー」と「時間」でも成り立つことが知られている。すなわち$\Delta E \times \Delta t \geqq \hbar/2$（ΔEはエネルギーの不確定さ、Δtは時間の不確定さを表す）となる。つまり、粒子のエネルギーを求めるとき、わずかな時間のなかでは、エネルギーにも不確定さが伴う。ごくごくわずかな時間では、エネルギーはあいまいなのである。

この「エネルギー」と「時間」の関係と、相対性理論を融合させ、驚くべき結論を導き出したのがディラック（1902〜1984）である。

『不確定性原理』によって導かれるエネルギーのあいまいさは、真空中も例外ではない。真空中でも、エネルギーがゼロだと確定させることは『不確定性原理』に反するのだ。

だから、ごくごく短い時間のなかで、エネルギーはゆらぎ、消えていく。そして、エネルギーのなかには、電子などの物質に変わるものも出てくる。エネルギーが物質に変換できるのは168ページで見たとおりだ。もっとも電子のような素粒子が生まれるときには、我々の世界を形づくる「粒子」と、これとは反対の電荷を持つ「反粒子」が、必ずペアになって生まれる。そして、粒子と反粒子は、互いにぶつかってエネルギーに戻る。

無から物質が生まれ、消え、これが絶えず繰り返されているのが真空というわけだ。

●半導体に使われるトンネル効果

ミクロの世界の不確かさ、あいまいさを、なかなか信じることができない人も多いと思う。しかし、エネルギーと時間の不確定な関係なしには、コンピュータも、携帯電話も、デジタルカメラも成り立たない。これらの電子機器にはさまざまな半導体素子が組み込まれているが、その働きには量子論から導き出されるトンネル効果が使われている。

トンネル効果とは、電子が越えられないはずのエネルギーの壁を越えて流れる現象である。これは本来、電子が持つはずのないエネルギーを、ごく短時間だけ得

真空で生まれる粒子

$$\Delta E \times \Delta t \geqq \frac{\hbar}{2}$$

エネルギーの不確定さ（ΔE）　時間の不確定さ（Δt）

この式から、時間をわずかな瞬間にせばめていくとエネルギーの不確定さが増大することがわかる

真空の、ある瞬間、エネルギーがゆらぎ、突然物質が生まれる

生まれた粒子と反粒子は一瞬で対消滅する

て、壁を越えていく現象だと説明される。また、電子の波が壁の向こう側にしみ出し、すり抜けていく現象ととらえることもできる。

究極の素粒子を求めて①

電子の軌道は量子数によって決まる

原子核の周りの定められた軌道を、電子が回るというのが、197ページで紹介したボーアの原子模型だった。しかし、実際の電子の軌道は、そんなに単純な形ではない。

●4つの量子数と『パウリの排他原理』

199ページの図1では、内側から軌道に1、2、3……と数字を振っているが、これを主量子数（n）という。そして主量子数nの電子軌道は、さらに細かく方位量子数（l）、さらに磁気量子数（m）によって分けられる。その関係は次ページの図のとおり。複雑なので図を見ながら、本文を読み進めて欲しい。

まず、主量子数nの電子軌道には、n個の方位量子数が存在し、さらに方位量子数lによって磁気量子数の個数が$2l+1$と決まる。そして、これら量子数に応じ、1s、2s、$2p^{x}$、$2p^{y}$、$2p^{z}$……と電子軌道に名がつけられ、形もそれぞれ異なる。この1つの電子軌道には最大2個の電子が入るが、2電子はスピン量子数（s）が$+\frac{1}{2}\hbar$と、

量子数と電子の軌道

主量子数 n	方位量子数 l	磁気量子数 m	軌道	nにおける最大電子数
1	0 (s)	0	1s	2個
2	0 (s)	0	2s	8個
	1 (p)	−1	$2p_y$	
		0	$2p_z$	
		+1	$2p_x$	
3	0 (s)	0	3s	18個
	1 (p)	−1	$3p_y$	
		0	$3p_z$	
		+1	$3p_x$	
	2 (d)	−2	$3d_{xy}$	
		−1	$3d_{yz}$	
		0	$3d_{z^2}$	
		+1	$3d_{xz}$	
		+2	$3d_{x^2-z^2}$	
n	n個	n^2個	各軌道にスピン$+\frac{1}{2}\hbar$と$-\frac{1}{2}\hbar$の2つの電子が入る	$2n^2$個

$-\frac{1}{2}\hbar$のもの（$\hbar$は省略されることが多い。$\hbar$については214ページ参照）となる。スピンとは、電子を粒子として見たときの自転にあたる物理量である。

結局、主量子数nの軌道には、n^2の電子軌道があり、全部で$2n^2$個の電子が収まることになる。

これらを総合すると「同一の原子内で4つの量子数（n、l、m、s）が同じ電子は1つしかない」といえ、これを『パウリの排他原理』という。

究極の素粒子を求めて②

"物質をつくる粒子"と"力を伝える粒子"

●エネルギー準位とフントの規則

原子中の電子は、電子軌道をデタラメに埋めていくのではなく、よりエネルギー準位が低い軌道から入っていく。そして223ページの図のように、エネルギー準位は1s、2s、2p、3s、3p、4s、3d、4p、5s、4d、5p、6s、4f、5d……の順に高くなる。

例えば、原子番号6の炭素の場合、陽子の数が6個なので、6個の電子を引きつける。よって1s軌道に2個、2s軌道に2個、さらに2p軌道に2個の電子が入る。ただし、2p軌道は、同じエネルギー準位の$2p_x$、$2p_y$、$2p_z$という3つの軌道に分けられるので、電子はこのうちの2つの軌道に1つずつ入る。

このとき、電子はできる限り平均的に軌道を埋めていく。つまり、$2p_x$軌道に電子2個が入ってしまい、$2p_y$と$2p_z$軌道には、1個も入らないというようなことにはならない。この規則を『フントの規則』という。

●フェルミオンとボソン

220ページで紹介した『パウリの排他原理』によると、同じエネルギー準位の軌道に、スピンの同じ電子が入ることはない。電子のスピンは$+\frac{1}{2}$と、$-\frac{1}{2}$の2種類しかないから、同一軌道に電子は2つしか入らない。もし仮に、いくつもの電子が同じ量子数をとってしまうと、すべての電子がもっともエネルギー準位の低い1s軌道になだれ込み、現在あるような物質は成り立たない。これでは原子が潰れてしまうし、もし物質ができたとしても、2つの物質が重なり、すり抜けるようになってしまう。

実は、これはスピンが$\frac{1}{2}$のような半整数である粒子すべてに共通する性質で、こういった粒子を「フェルミオン」という。フェルミオンには電子の他、陽子や中性子がある。また、227ページで登場するクォークもフェルミオンである。

一方、同じエネルギー準位にいくつでも集まれる粒子がある。こちらは「ボソン」と呼ばれ、光子や232ページで登場するグルーオンなどがこれに当たる。こちらのスピンは0とか1といった整数である。

これらから、フェルミオンは物質をつくる粒子、ボソンは力を伝える粒子（例えば光子は電磁気力を伝える）だといえる。また、物質が一定の体積を持ち、重ね合わ

電子軌道のエネルギー準位

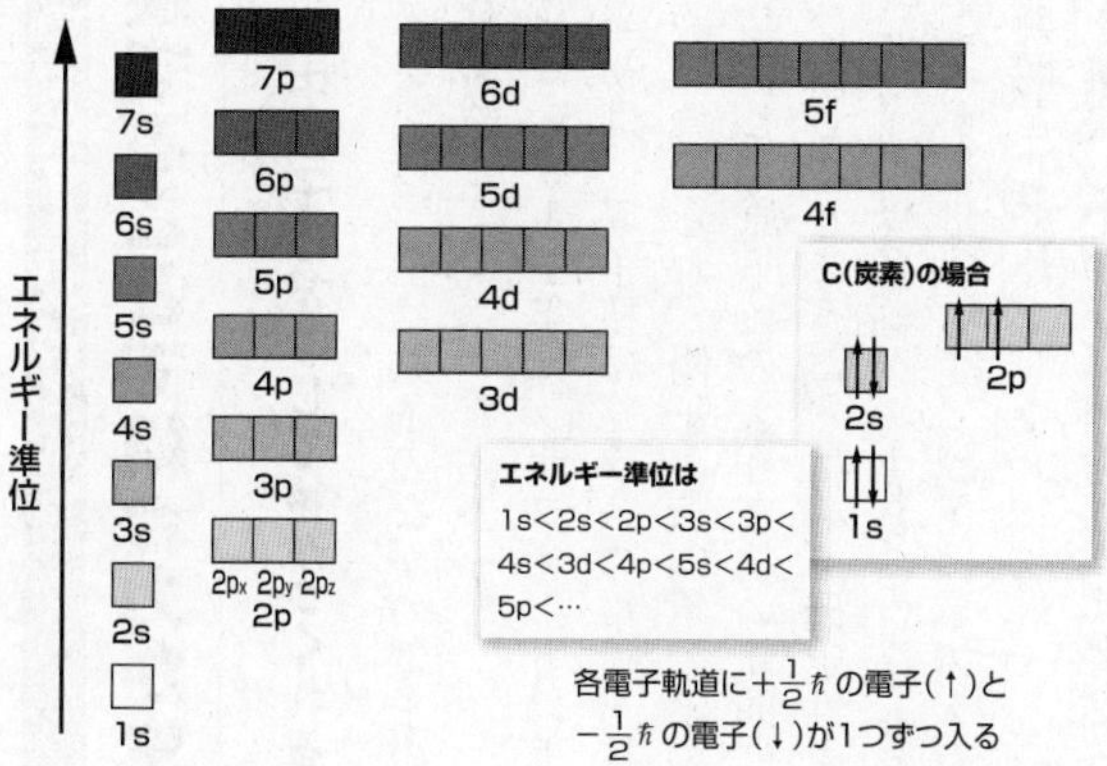

せることができないのに対し、光は重ね合わせることで、いくらでも明るくできるのは、このためである。

究極の素粒子を求めて③

交換することで結合力が生まれる

●陽子や中性子はどうして核がつくれるのか

218ページから、主に原子のなかの電子の振る舞いを見てきたが、ここから原子核に目を移す。

原子核は1911年にラザフォードにより発見、さらにその内部に陽子が発見された。当初は、原子核はプラスの電荷を持つ陽子と、マイナスの電荷を持つ核内電子によってつくられ、陽子と核内電子との電気的な力で原子核が保たれているとされた。しかし、原子核のような狭い範囲に電子を閉じこめれば、運動量が大きくなり、飛び出してしまうことは『不確定性原理』の教えるところである。さらに1932年にチャドウィック（1891～1974）が中性子を見いだし、核内電子は否定された。すると今度は、どうしてプラスの電荷を持つ陽子どうしが結合できるのかが、疑問として浮上した。

これを解決したのが湯川秀樹（1907～1981）である。湯川は陽子や中性子

π中間子の働き

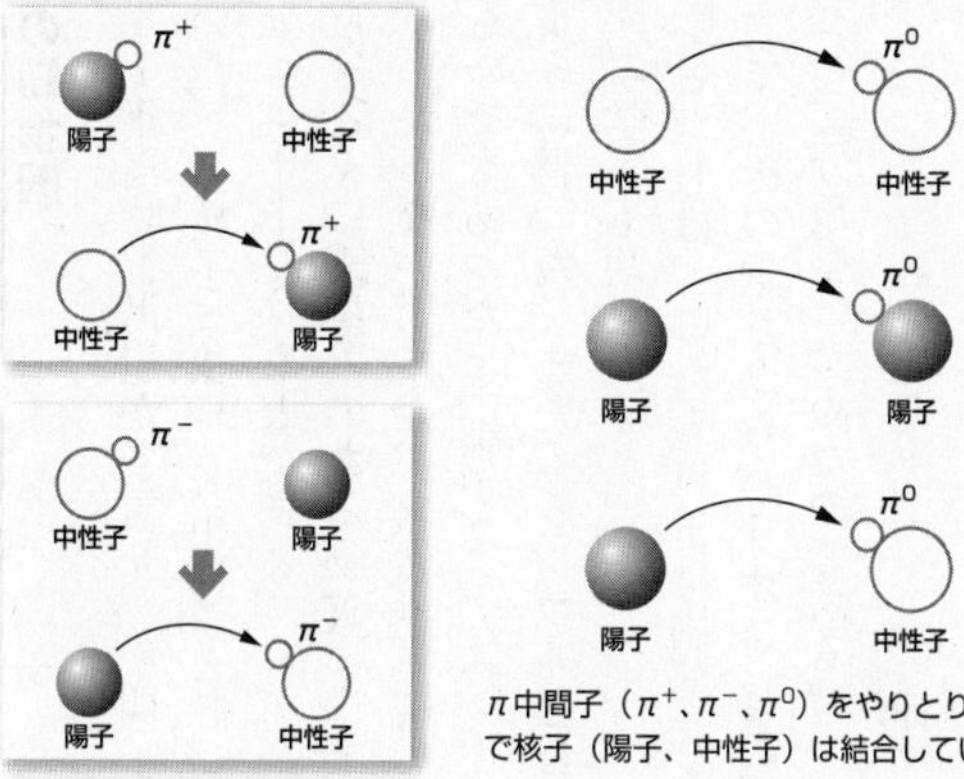

π中間子（π^+、π^-、π^0）をやりとりすることで核子（陽子、中性子）は結合している。

の結合は未知の粒子を交換することによって生まれる結合力だと見抜く。これは光子のやりとりで、電気的な力が生まれるのと同じ理屈である。そして、原子核を結びつける力は、電磁気力より強力だが、近い距離でしか働かないことから、媒介粒子（力を伝える粒子、ボソン）の重さを算出。電子の約200倍とし、中間子と名づけた。これは1947年に実際に発見された（π《パイ》中間子）。また、この11年前には、これとは別の粒子（μ《ミュー》粒子）が発見され、一時、湯川の予言した中間子と間違えられもしている。

●粒子の動物園

１９４７年当時、湯川が予言した中間子以外にも新たな粒子が続々と発見されはじめていた。V粒子（後にK^0中間子と呼ばれる）やΛ《ラムダ》粒子、Σ《シグマ》粒子、Ξ《グザイ》粒子、さらにはμ《ミュー》ニュートリノなどである。

これらは我々に馴染みのある物質には無関係と思われる粒子であり、存在する理由もよくわからない。また、自然は単純であるという、古代からの科学者の信念に反するものでもあった。「誰がこんな粒子を注文したんだ」。当時の科学者は、吐き捨てるように言った。また、シンプルとはほど遠い粒子の世界を「粒子の動物園」と揶揄《やゆ》する学者も現れた。

物理学者たちは、これら粒子は内部にさらなる構造を持つだろうと考えはじめた。そして、その重さからバリオン（重粒子）、メソン（中間子）、レプトン（軽粒子）などと、分類をはじめたのである。

究極の素粒子を求めて④

バリオンとメソンはクォークからできている

●陽子や中性子には構造があった

再び混沌《こんとん》としてきた素粒子の世界。これを統一的に説明する理論を最初に提出したのが坂田昌一（1911〜1970）であった。坂田はバリオンを形づくる、さらなる基本粒子の存在を考えたのである。そして、これを改良したのがゲルマン（1929〜）やツヴァイク（1939〜）であった。

ゲルマンが提唱したクォークには、理論発表当初、アップ（u）、ダウン（d）、ストレンジ（s）の3種が考えられ、アップが$+\frac{2}{3}$e、ダウンとストレンジが$-\frac{1}{3}$eの電荷を持つ。また、この説によると、バリオンは3つのクォークから、メソンはクォークと反クォーク、1つずつからなる。反クォークとは、クォークの反粒子であり、クォークとは反対の電荷を持つ。

例えば、バリオンである陽子はuudの3つのクォークの組み合わせなので、電荷は+eとなる。同じくバリオンの中性子はuddの組み合わせなので、電荷は0で

陽子、中性子、中間子はクォークからできている

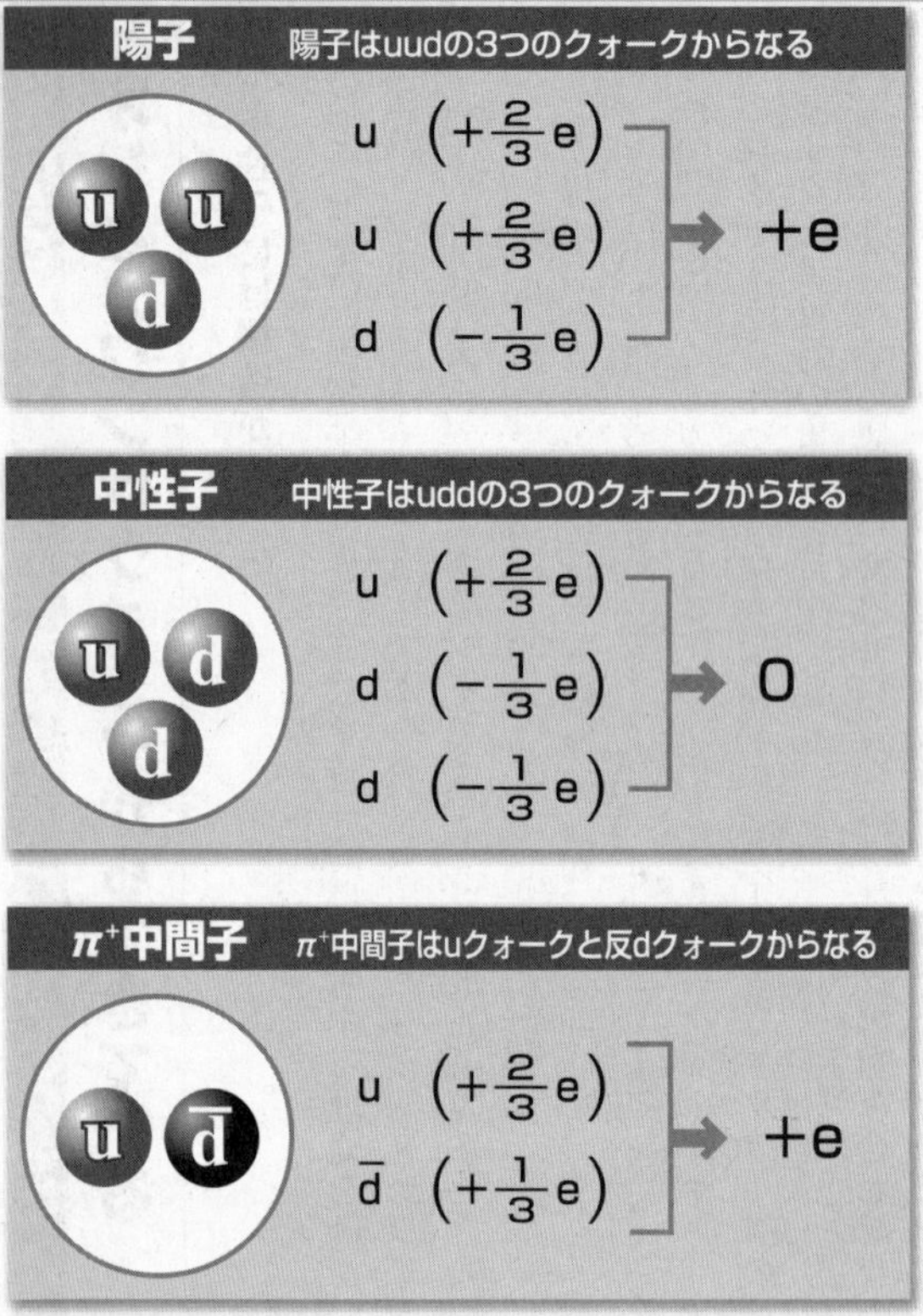

それぞれのクォークの電荷から、陽子、中性子、中間子の電荷も求められる

ある。また、湯川が予言したπ^+中間子はメソンなので、uと$\bar{d}$（反ダウンクォーク）の組み合わせとなり、電荷は＋eとなる。

このようにクォーク説では、電荷などをうまく説明することができた。しかし、クォークどうしが結合する力の説明がなく、また、単独のクォークを取り出すことができたわけでもないため、発表当時は懐疑的な学者が多かった。

究極の素粒子を求めて⑤

クォークが持つ色の力の正体

●量子色力学とグルーオン

クォーク説を裏付ける形で登場したのが量子色力学（QCD）である。この理論は量子電磁気学（QED）からの類推によって生まれた。QEDによると、粒子はプラスやマイナスの電荷を持ち、プラスとマイナスが引き合う。一方、QCDによると、各クォークは〝赤〟〝緑〟〝青〟の3色のいずれかの「カラー荷」を持つ。もっとも色といっても、クォークに普通の意味での色がついているわけではない。

赤、緑、青は光の3原色であり、3色が混じり合うと白になる。また、どの色も補色と混じると白になる。クォークの結合は、この3原色とのアナロジーで説明ができるのだ。実はクォークは常に白くなるように振る舞う。だから赤、緑、青の3つのクォークが結合する。また、ある色のクォークと、その補色を持つ反クォークが結合する。前者がバリオン、後者がメソンである。そして、これらの総称がハドロンである。これはギリシャ語の「強い」という言葉にちなむ語だが、カラー荷に

光の3原色とクォークのカラー

光の3原色

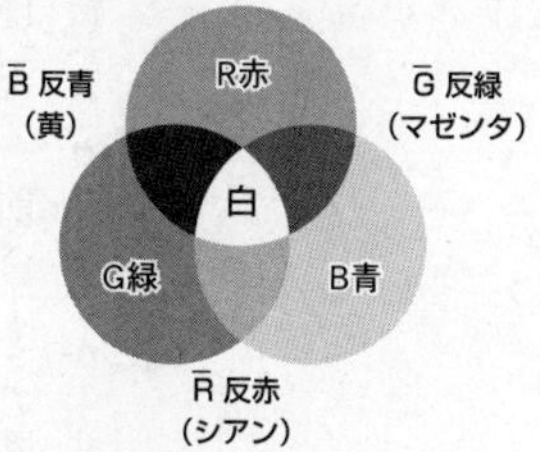

光は赤、緑、青の3色の配合で様々な色となる。3色すべてが混じり合うと白色になる

クォークのカラー

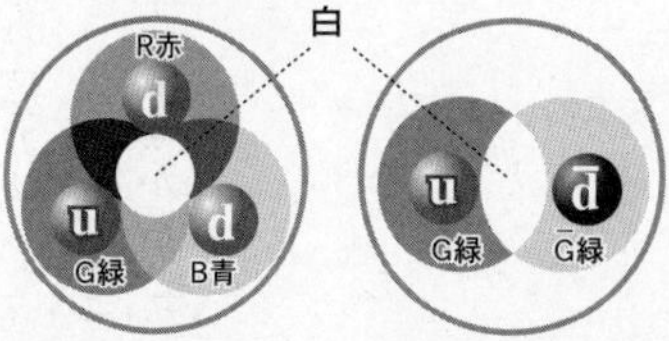

ハドロンのなかのクォークは、赤、緑、青の3色が混じり合うか、反クォークとペアを組むことで、外には常に白い姿を見せる

クォークの閉じ込め

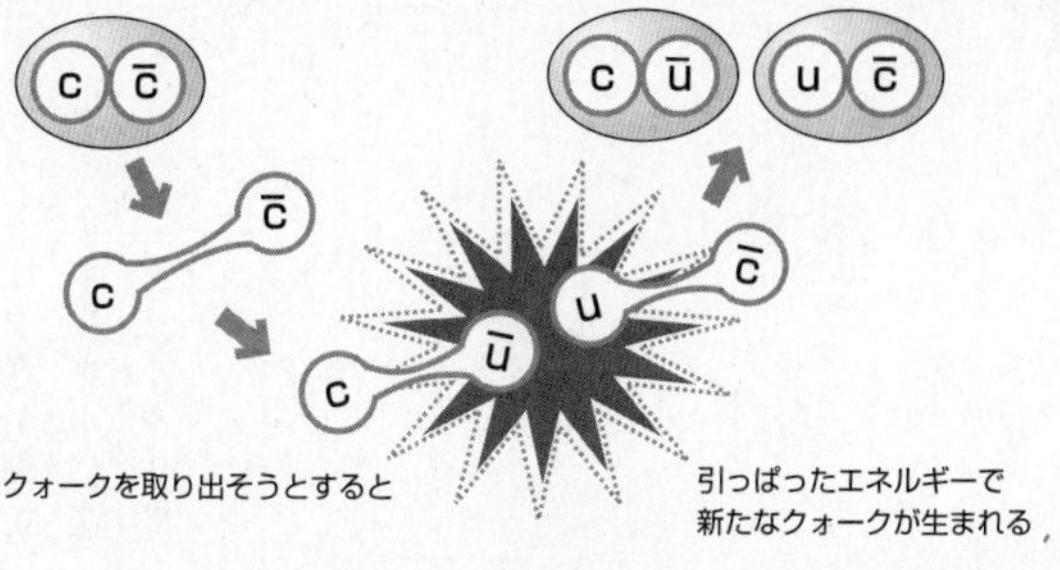

よる結合が、〝強い力（強い相互作用）〟と呼ばれることにちなむ。また、この力を伝えるのは、グルーオンという8種の粒子とした。さらに、単独のクォークが分離できない理由は、前ページの図のように、分離しようとすると、そのエネルギーによって、新たなクォークが生まれてしまうからと説明される。これは「クォークの閉じ込め」と呼ばれている。

究極の素粒子を求めて⑥

宇宙を支配する4つの力

●自然界に存在する力は4つである

前ページで登場した強い力は、湯川が考えた中間子による結合力の源となるものである。そして、重力、電磁気力と並び、自然界の基本的な力とされるものでもある。

そして、現在知られている、自然界の基本的な力にはもう1つ、〝弱い力（弱い相互作用）〟がある。これは、中性子のβ崩壊などの核分裂を引き起こす力として知られ、その名のとおり、非常に弱い。また、この弱い力の媒介粒子はウィークボソン（W^+、W^-、Z^0）と呼ばれるものだ。

●弱い力と電磁気力を統一

ところで、この弱い力は、宇宙創生時のような高エネルギー状態になると、電磁気力と非常に似た振る舞いをすることが、その後の研究でわかっている。これを成

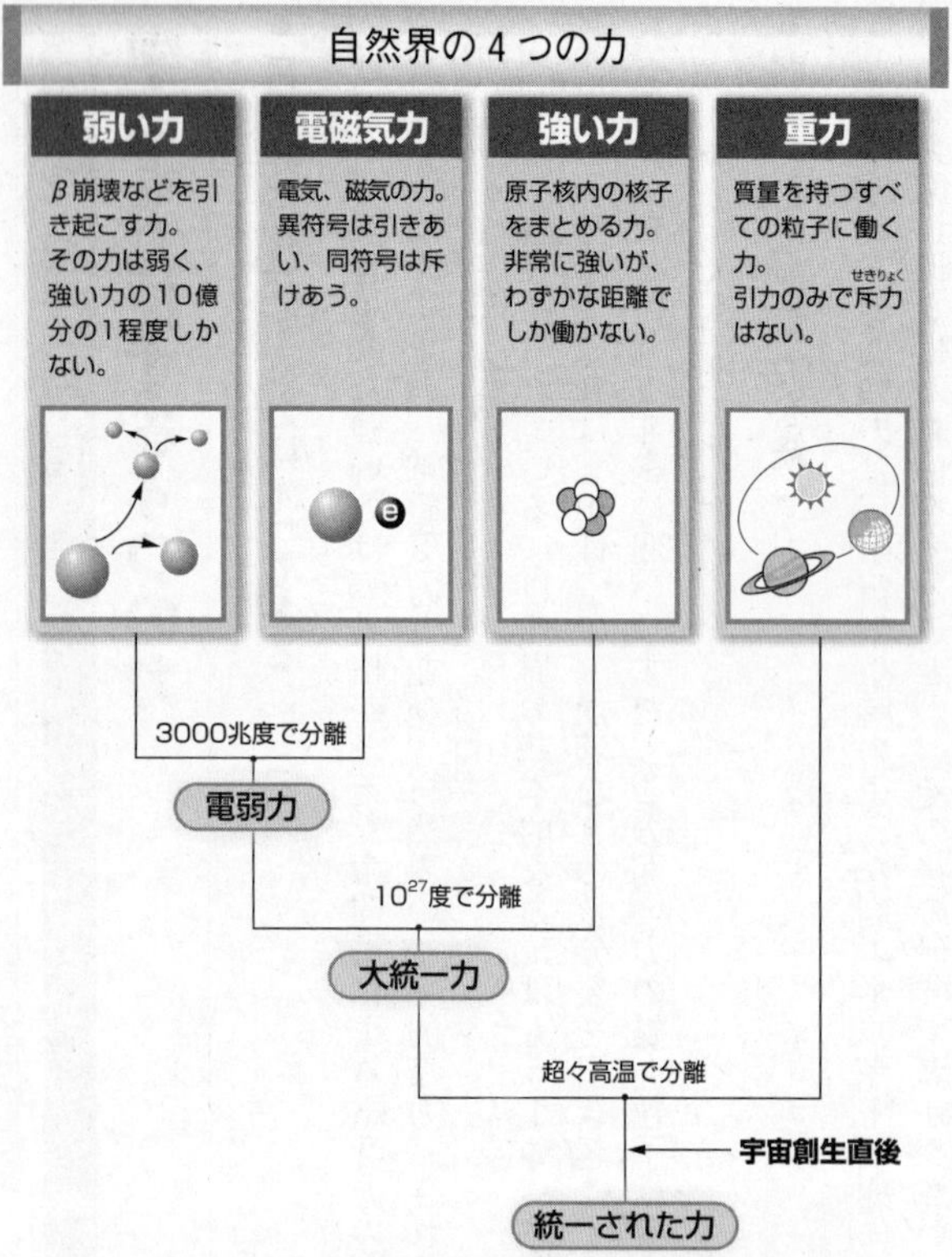
自然界の4つの力
弱い力
β崩壊などを引き起こす力。その力は弱く、強い力の10億分の1程度しかない。
電磁気力
電気、磁気の力。異符号は引きあい、同符号は斥けあう。
強い力
原子核内の核子をまとめる力。非常に強いが、わずかな距離でしか働かない。
重力
質量を持つすべての粒子に働く力。引力のみで斥力《せきりょく》はない。
e
3000兆度で分離
電弱力
10^{27}度で分離
大統一力
超々高温で分離
宇宙創生直後
統一された力

自然界の4つの力は元来、1つの力であったものが宇宙の進化とともに4つに分離したと考えられている。

4つの力を統一して記述する理論の構築は世界中の物理学者の夢である。

し遂げ、弱い力と電磁気力を１つの理論で統一したのがワインバーグ（１９３３〜）とサラム（１９２６〜１９９６）である。同理論は現在、『ワインバーグ＝サラム理論』と呼ばれ、統一された力は「電弱力」と呼ばれることがある。

また、自然界の４つの力は、電磁気力と弱い力が統一されたように、いずれは強い力、重力も統一して記述されると考えられている（前ページの図を参照）。これらは宇宙創生時、元来同じ力だったものが、宇宙の進化につれて別の現れ方をするようになったというわけだ。ただし、これらは未だ証明されてはいない。

究極の素粒子を求めて⑦

標準模型の完成

●6つのクォークと6つのレプトン

徐々に姿を現してきた素粒子。現在の『標準理論』(279ページ参照)では、本当に基本的なフェルミオンはクォークとレプトンだけだと考えられる。クォークには227ページで紹介した3種の他に、チャーム(c)、ボトム(b)、トップ(t)の3種の計6種がある。この6種の別は、クォークのフレーバー(香り)と呼ばれる。また、それぞれのフレーバーのクォークが赤、緑、青のカラー荷を持つのは230ページで説明したとおりだ。

電子をはじめとするレプトンにも、クォーク同様に6つのフレーバーがある。並べると電子(e)、電子ニュートリノ(ν_e)、ミュー粒子(μ)、ミューニュートリノ(ν_μ)、タウ粒子(τ)、タウニュートリノ(ν_τ)である。ただし、こちらはカラー荷は持たない。また、フェルミオンであるクォークとレプトンには、それぞれに反粒子が存在する。

標準模型
フェルミオン（物質をつくる粒子）
クォーク
u u u
赤 緑 青
アップクォーク　$+\frac{2}{3}e$
質量　2〜8MeV
d d d
赤 緑 青
ダウンクォーク　$-\frac{1}{3}e$
質量　5〜15MeV
c c c
赤 緑 青
チャームクォーク　$+\frac{2}{3}e$
質量　1.0〜1.6GeV
s s s
赤 緑 青
ストレンジクォーク　$-\frac{1}{3}e$
質量　100〜300MeV
t t t
赤 緑 青
トップクォーク　$+\frac{2}{3}e$
質量　166〜186GeV
b b b
赤 緑 青
ボトムクォーク　$-\frac{1}{3}e$
質量　4.1〜4.5GeV
レプトン
e
電子　−e
質量　0.51MeV
ν_e
電子ニュートリノ　0
質量　<5.1eV
μ
ミュー粒子　−e
質量　105.66MeV
ν_μ
ミューニュートリノ　0
質量　<0.27MeV
τ
タウ粒子　−e
質量　1777.5〜1777.6MeV
ν_τ
タウニュートリノ　0
質量　<31MeV
すべてに反粒子がある
ボソン（力を伝える粒子）
電磁気力
γ
光子
強い力
g g g g g g g g
グルーオン
弱い力
W^-
W^+
Z^0
ウィークボソン
重力（未発見）
G
グラビトン
質量の起源である粒子（未発見）
H
ヒッグス粒子

一方、力を伝える粒子であるボソンは、自然界の４つの力と対応して存在する。電磁気力には光子（γ）、強い力にはグルーオン（g）、弱い力にはウィークボソン（W^+、W^-、Z^0）がそうである。また、重力に対してグラビトン（G）というボソンが予想されているが、これは未発見である。

さらに質量の起源とされるヒッグス粒子（H）の存在が、理論的に導きだされ、予想されているが、こちらも未発見である。

宇宙論の最先端

最新トピックス編

第3部

第5章

インフレーション宇宙論からマルチバース、M理論へ

まっすぐに広がる空間と、一様に流れる時間。19世紀までの物理学は、この枠組みで、物体の動きとエネルギーの変化を記述するものだった。20世紀、相対論と量子論の登場で、これが一変する。空間と時間とは別個のものではない。物質とエネルギーは等価である。万物は粒子でもあり、波でもある。こういった新しい自然観から、宇宙論が誕生し、宇宙の謎が次第に解き明かされてきたのである。そして21世紀、宇宙論はさらなる未知の領域に踏み込もうとしている。

ビッグバン宇宙論①

アインシュタインの静止宇宙モデル

●科学的な宇宙論の誕生

太古の昔から、人類は夜空を見上げ、宇宙の姿を想像してきた。ガリレイやニュートン以降は、科学的な手段で宇宙をとらえ、星の運行を予測できるまでになった。しかし、当時の物理学で扱っていたのは物体の動きや、エネルギーの変化であり、これらの舞台となる「時間」と「空間」を論ずることはできなかった。

相対性理論の登場が、この状況を一変させた。相対性理論こそが「時間」と「空間」を記述する方法であり、これによって、宇宙そのものを科学的に研究することが可能になったのである。

●静止宇宙モデルと「宇宙定数」

科学的な宇宙論の先鞭《せんべん》となったのは、相対性理論を生み出した本人、アインシュタインによる「静止宇宙モデル」である。これは、宇宙には始めも終わりも存在せ

静止宇宙モデル

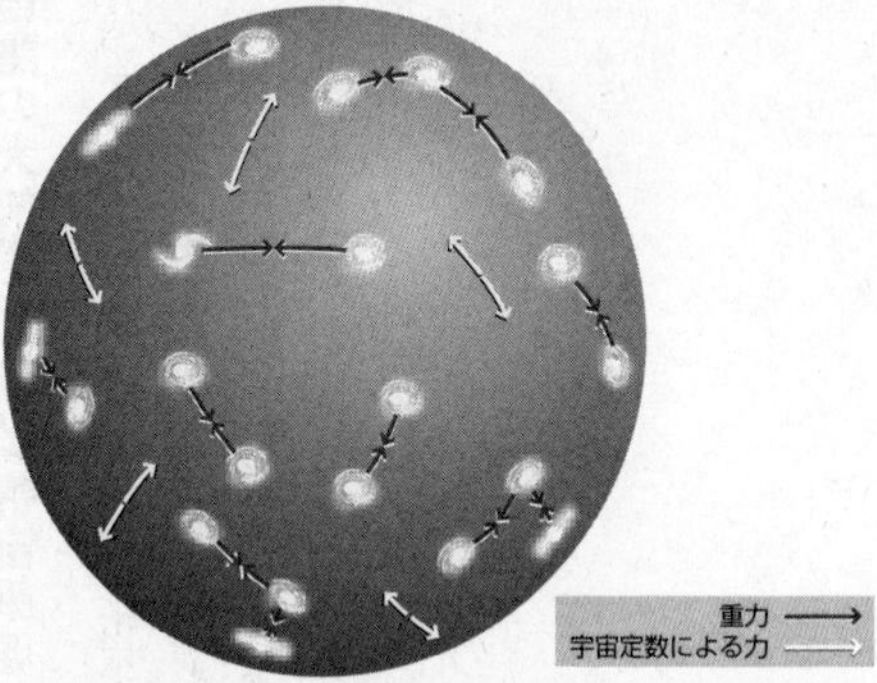

宇宙は静的で始めも終わりもない。重力によって宇宙が収縮してしまわないのは宇宙定数によって表される力があるからだ。

ず、膨張や収縮をしないという静的なモデルだった。これはまた、当時の科学者の多くが抱いていた宇宙観を反映したものでもあった。

実をいうと、相対性理論から導き出された宇宙の方程式は、重力のため、宇宙が収縮することを示唆していた。しかし、アインシュタインは「静的で永遠な宇宙」を、より完全であると感じており、変化する宇宙を嫌った。そのため彼は、「宇宙定数」という、いくぶん自説に都合のいい項を方程式に付け加え、静的な宇宙を記述する式をつくりあげた。

結論を先にいうと、宇宙定数は後に否定される。そして、アインシュタイン自身の口から「生涯で最大の不覚」との言葉がはき出されるのである。ところが最新の宇宙論では、この宇宙定数が復活しそうな気配もあるのだから、わからないものである（264ページと290ページ参照）。

●宇宙論の大前提である『宇宙原理』

一方、アインシュタインは、宇宙モデル構築にあたり、宇宙の「一様性」と「等方性」とを『宇宙原理』と呼び、これを大前提とした。宇宙には局所的なムラこそあれ、大きな視野で眺めれば均一であるというのが宇宙の一様性である。また、宇宙には特別な方向はなく、どちらに行っても同じような風景が広がっているというのが等方性である。これは「宇宙に特別な場所はない」と言い換えることもできる。宇宙原理は、その後の観測によって、はっきりと裏付けられている。

ビッグバン宇宙論②

膨張宇宙モデルの誕生

●フリードマンの膨張宇宙

アインシュタインの静止宇宙モデルに対して、宇宙は膨張したり収縮したりすると主張したのがロシアの数学者、フリードマン（1888〜1925）である。彼はアインシュタインの方程式を素直に解いて、この解を導き出したのだ。フリードマンによると、宇宙の膨張と収縮には、時間とともに、次の3つの可能性がある。1つは、はじめ膨張し、それから収縮に転じる宇宙。2つ目は、膨張し続けるが、徐々に減速していく宇宙。3つ目は、一定速度で永遠に膨張し続ける宇宙である。

この膨張宇宙説は1922年に発表され、アインシュタインの耳にも届いた。しかし彼は、最初、数学的に誤りがあると考え、後に数学的には正しいが、採るべきではない答えだとした。フリードマンはこの説を発表した3年後に、不幸にも病死し、アイディアも一時は埋もれてしまった。

●ルメートルが再発見した膨張宇宙

フリードマンが膨張宇宙を唱えた5年後の1927年、ベルギーのルメートル（1894〜1966）が、このモデルを再発見する。

膨張宇宙という考えを、彼はさらに推《お》し進めた。宇宙が膨張しているのなら、過去にさかのぼればさかのぼるほど、宇宙は小さくなっていくはずである。さらに時間をさかのぼれば、ついには宇宙すべてが原子くらいに押しつぶされる。ルメートルはこれを「原初原子」と呼んだ。また、物体を押しつぶすと熱を持つことから、原初原子はとてつもなく熱いと考えた。そしてルメートルは、原初原子の崩壊によって、宇宙が生み出されたのだと結論した。これはまさに、現在のビッグバン宇宙論の先駆けでもあった。

しかし、ルメートルの着想にもアインシュタインは冷たかった。実をいうと、相対性理論の式からは、静止宇宙、膨張宇宙のいずれもが導き出せる。つまり、数学的にはどちらも正しく、この時点でどちらが真実かはわからなかったのである。よって科学者の多くは、歴史が長く、より正統的である静止モデルを支持した。それまでいくつもの革命的なアイディアをものしてきたアインシュタインも、ここでは常識を打ち破れなかった。

膨張宇宙モデル

宇宙は時間とともに膨張している。なお、フリードマンによると宇宙の将来には3つの可能性がある。

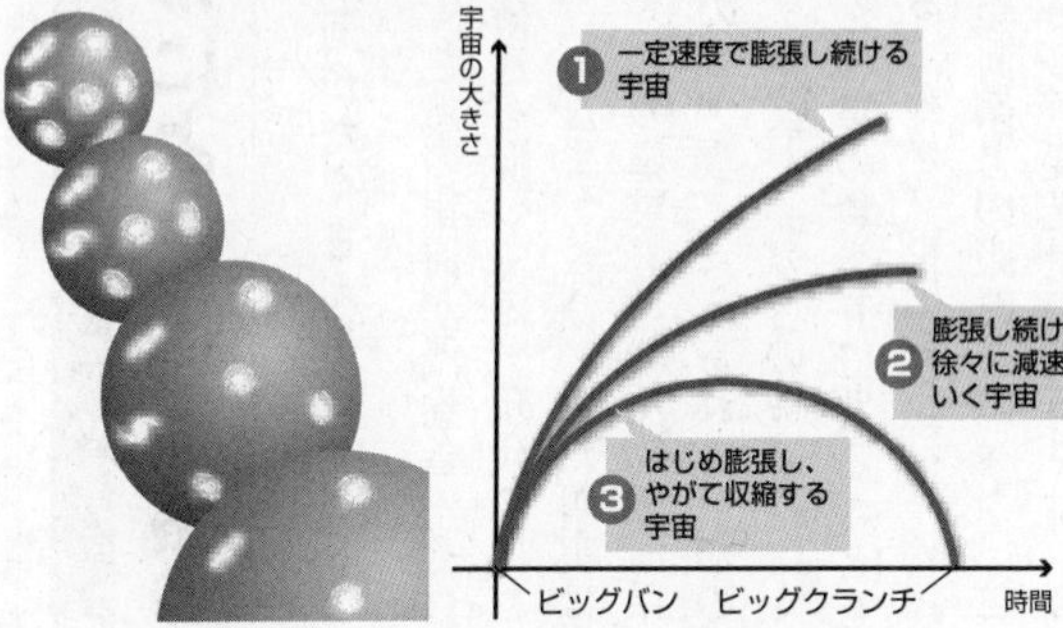

結局、静止宇宙と膨張宇宙の雌雄を決するには、観測による答えを待つしかなかった。

ビッグバン宇宙論③

ハッブルによる宇宙膨張の発見

●宇宙には銀河がたくさんある

宇宙にはたくさんの銀河が渦巻き、それが銀河群や銀河団をつくり、さらにそれらが宇宙の大構造を形づくる。現代では、もはや常識ともいえる宇宙の姿だが、20世紀初頭には、まだまだこういった事実は知られていなかった。宇宙のあちこちに見られる渦巻き状の星雲も、我々の銀河系に匹敵するような銀河ではなく、我々の銀河系のなかのガス雲と考えられていたのだ。

アンドロメダ星雲が、ガスの塊ではなく、銀河系からはるかに離れた別の銀河であり、たくさんの星の集まりであることを突きとめたのがハッブル（1889〜1953）である。ハッブルはさらに、アンドロメダ銀河をはじめとするいくつかの銀河と我々の銀河系との距離を調べた。これはまず、対象の銀河にある変光星を探すことから始まる。変光星の明るさは、輝きの周期によって決まるので、周期を測定すれば、変光星の絶対的な明るさがわかる。また、光の明るさは遠くへ進めば進

ハッブルの発見

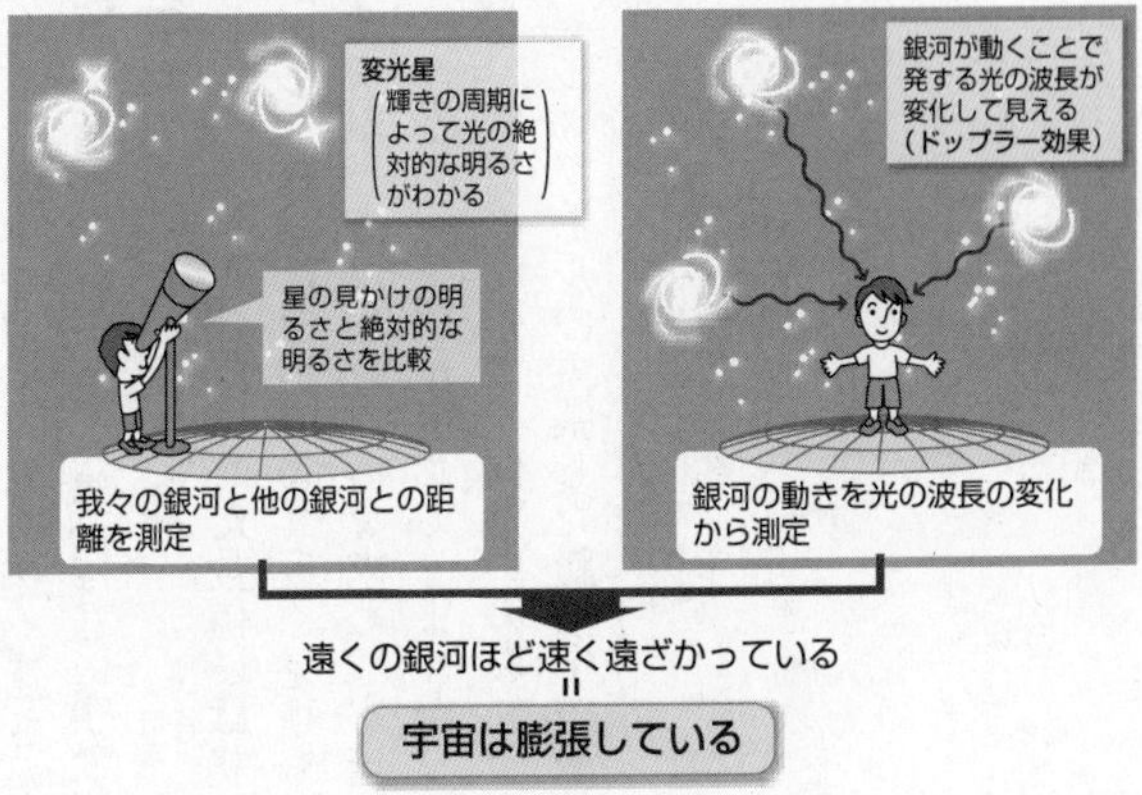
変光星
（輝きの周期によって光の絶対的な明るさがわかる）
星の見かけの明るさと絶対的な明るさを比較
我々の銀河と他の銀河との距離を測定
銀河が動くことで発する光の波長が変化して見える（ドップラー効果）
銀河の動きを光の波長の変化から測定
遠くの銀河ほど速く遠ざかっている
＝
宇宙は膨張している

むほど衰えるので、変光星の本来の明るさと、見かけの明るさとの比較で、その銀河までの距離が算出できるわけだ。

●我々の銀河から遠ざかる銀河たち

こうしていくつかの銀河の距離を求めたハッブルは、ある興味深い事実に気がついた。我々の銀河系から遠い位置にある銀河ほど、高速で我々の銀河系から遠ざかっていたのだ。

銀河の動きは、銀河が発する光の波長から求められる。例えば、遠ざかっている天体の場合、発する光がドップラー効果によって、波長の長い光へとシフトする。よって、速く遠ざかるものほど、光が赤みがかる（183ページの図参照）。観測では、遠い銀河ほど赤みがかっていたことから、ハッブルは、宇宙が膨張していると結論した。

ただし、ハッブルの算出した数値には誤りがあった。変光星の取り違えなどで、他の銀河までの距離を実際より近く見積もってしまったのだ。彼はこれらのデータから、宇宙が一点だったころを求め、宇宙の年齢を算出したが、地球の年齢よりも若くなるなどの、矛盾が生じてしまった。

しかし、宇宙の膨張は、間違いのない事実であることが観測からわかり、フリードマンやルメートルの主張した膨張宇宙が俄然、現実味を帯びてきたのである。

ビッグバン宇宙論④

ビッグバン宇宙論と定常宇宙論

●「αβγ理論」の登場

ルメートルの原初原子説をさらに発展させたのがガモフ（１９０４～１９６８）である。彼は、圧縮された状態から宇宙が生まれたのなら、そこには素粒子である中性子や陽子が、大変な密度で固まっていたのではないかと考えた。そして、これが爆発的に広がり、このときの熱によって宇宙にあるすべての元素がつくられた。こういうシナリオを「αβγ理論」として論文にまとめたのである。

ちなみにこの理論のαβγとは、宇宙開闢の理論ということでギリシャ文字の最初の３文字をとったものだが、同時に論文を提出したアルファー（１９２１～２００７）、ベーテ（１９０６～２００５）、そしてガモフの３人の名前にちなんでいる。もっとも、核物理学者であるベーテは、この研究に絡んではいない。ガモフのいたずら心によって、語呂《ごろ》合わせのために、なかば強引に使われたようである。

ビッグバン宇宙と定常宇宙

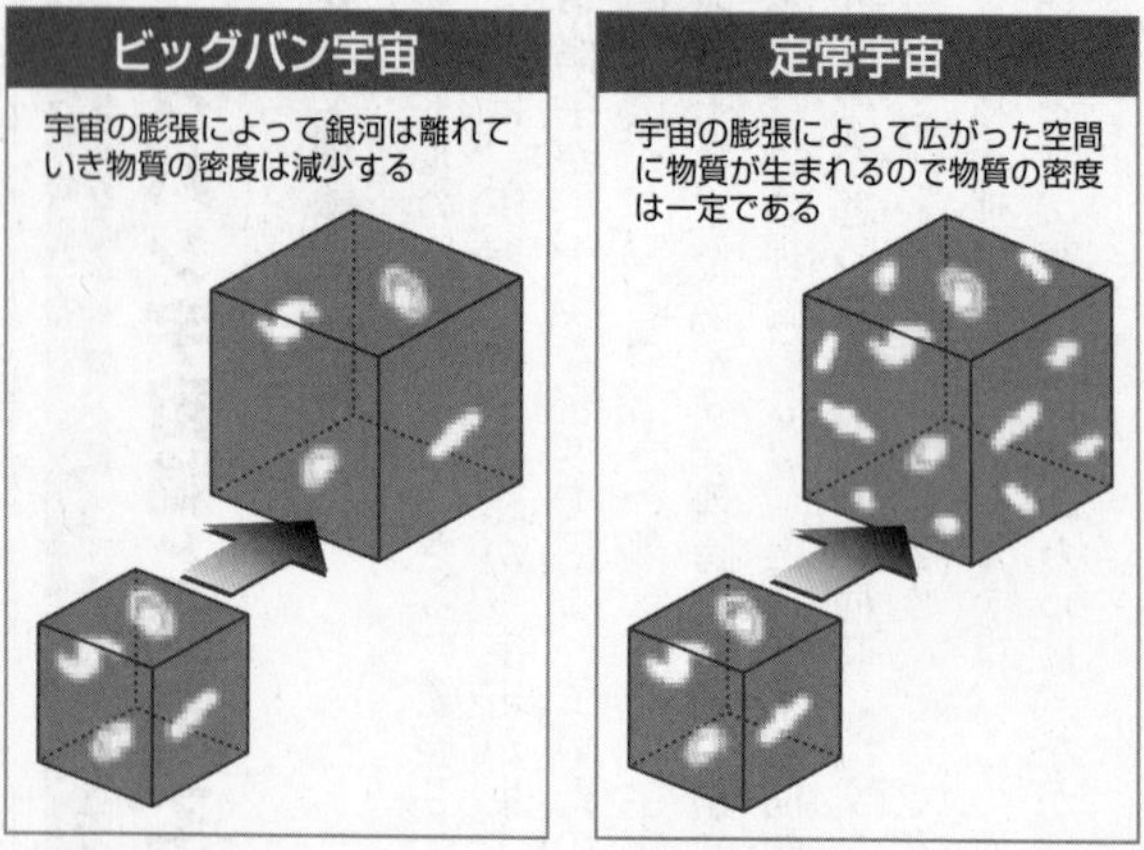
ビッグバン宇宙
宇宙の膨張によって銀河は離れていき物質の密度は減少する
定常宇宙
宇宙の膨張によって広がった空間に物質が生まれるので物質の密度は一定である

●ホイルの『定常宇宙論』

後に『ビッグバン宇宙論』と呼ばれるガモフらの理論も、登場時の評判は芳《かんば》しくなかった。ビッグバンという名前自体、爆発による宇宙創生を、なかば揶揄《やゆ》する形で、ホイル（１９１５〜２００１）という学者によってつけられたものである。

そして、このホイルの主張したのが『定常宇宙論』である。ホイルは観測から明らかになった宇宙の膨張については認めていた。ただし、物質の誕生についてはビッグバンなどではなく、真空中に新しい物質が常に生まれ続けるとした。そして、生まれた物質によって宇宙が広がり、宇宙全体の密度は不変であると唱えたのである。

ホイルは元素合成も、一瞬のビッグバンによって起こったわけではなく、星の内部の核融合によってなされたと考えた。実際、計算によるとガモフの唱えたビッグバンでは、水素やヘリウムといった軽い元素こそつくられるが、重い元素はつくられそうにない。一方、ホイルの説に従えば、鉄までの元素を生みだすことができる。ホイルはさらに超新星爆発によって、鉄以上の重い元素が生みだされるプロセスを１９５７年に提出した。しかし、ホイルの説を信じると、ヘリウムの量が少なくなり、現在観測されているヘリウムの量を説明できない。対立する2つの理論をめぐる論争に決着がつくのは、１９６５年になってからである。

ビッグバン宇宙論⑤

ビッグバン宇宙論の成立

●見つかった「宇宙の背景放射」

1965年、通信衛星のための実験を行っていたペンジアス(1933〜)とウィルソン(1936〜)は、どうにも出所のわからない微弱な電波に悩まされていた。はじめはアンテナに落ちたハトのフンによるものかと考え、丹念に掃除をしたが、ノイズは消えない。しかも、このノイズは24時間絶えることがなく、宇宙のあらゆる方向から飛んでくるのである。

そこで2人は、このノイズを調べてみた。波長に応じた電波の強さをグラフにプロットしていくと、驚いたことに曲線は、波長2ミリメートルを中心としたプランク分布(黒体放射スペクトル)※を描いた。プランク分布とは、高温高圧下で粒子と電磁波が衝突し、平衡状態になっているときの電磁波特有の分布である。つまり、この微弱な電波は、そういう高温高圧の状態で出されたものなのだ。ただし、高温高圧下で出されたばかりの電磁波の波長は、もっともっと波長が短い。これだけ波長

宇宙の背景放射

2001年に打ち上げられたWMAPがとらえた宇宙の背景放射

が長くなっているのは、宇宙の膨張によって引き伸ばされたためであり、これはビッグバンの確たる証拠となった。

実はこの電波こそが、宇宙誕生38万年後、宇宙が晴れ上がったときに放たれた電磁波の名残《なごり》なのである。これを「宇宙の背景放射」と呼ぶ。なお、２ミリメートルの波長の持つエネルギーは、絶対温度に換算すると、約３Ｋとなることから、この放射は「３Ｋ放射」とも呼ばれる。

●背景放射は、ビッグバンの決定的証拠

宇宙の背景放射が見つかり、ビッグバン理論の正当性が決定的なもの

となった。定常宇宙を主張していたホイルも公式に負けを認めている。もっとも、重い元素の合成についてはホイルの説が正しく、ビッグバン時に誕生した元素は、ほとんどが水素とヘリウムだった。

また、宇宙の背景放射はその後、精密に観測され、現在2・725Kと決定づけられた。さらに、背景放射にはわずかなゆらぎがあることも発見され、これが宇宙の晴れ上がり時のゆらぎであり、このゆらぎが現在の宇宙の構造のタネになっていることもわかっている。ただし、その一方で、銀河をつくるにはゆらぎが小さすぎることが指摘されており、ここからダークマター（285ページ参照）の存在が予想され始めたのである。

※黒体が放射するスペクトルの形がプランク分布となる。

インフレーション宇宙論①

ビッグバン宇宙論では解けない謎①

●なぜ、宇宙はこんなにも平坦なのか

宇宙背景放射の発見で、ビッグバン宇宙論はほぼ完全に裏付けられたといえる。しかし、宇宙の観測結果とビッグバン宇宙論との間には、相容れない事項もあった。

その1つが「平坦性問題」である。実際の観測によって、宇宙は実に平坦で、空間にゆがみはほとんどないことがわかっている。ごく当たり前に感じられるかも知れないが、これは非常に不自然なことなのである。

相対性理論によると、エネルギーによって空間は曲げられる。また、宇宙が誕生したころ、少しでもゆがみがあれば、そのゆがみが成長して、宇宙は平坦ではいられないはずである。ところが、宇宙誕生から100億年以上たった現在でも、宇宙は平坦なままである。

我々が天地創造の神になって、ビッグバンを起こさせるには、初期設定の段階

平坦性問題と地平線問題

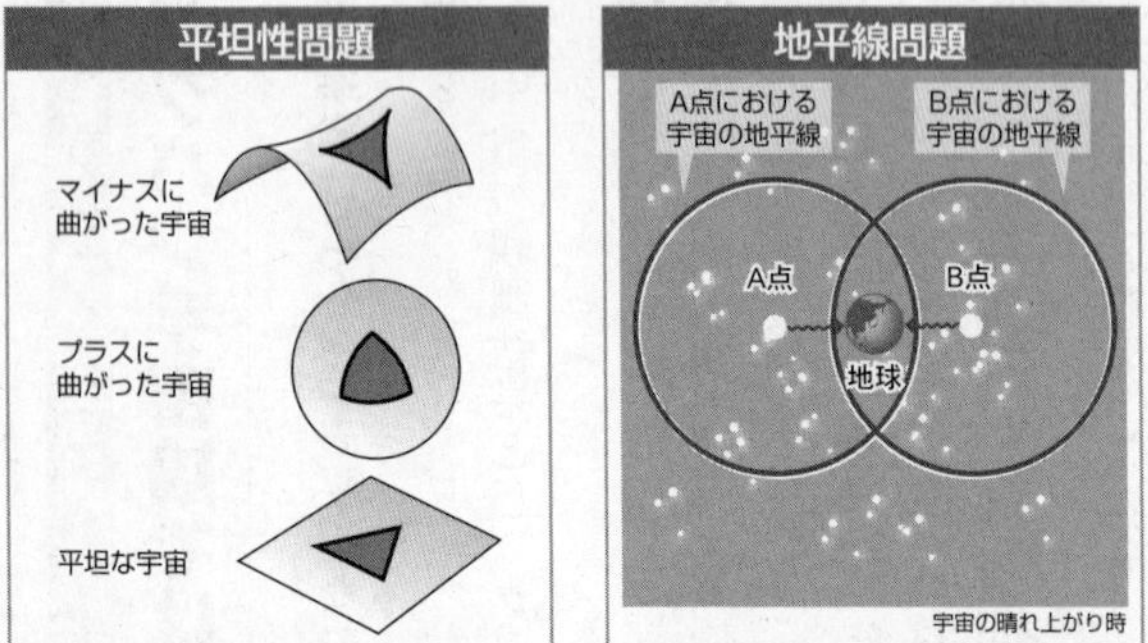

宇宙を2次元の面と考えたとき、我々の観測できる宇宙はプラスにもマイナスにも曲がらず、ほとんど平坦（ゼロ）であることが、わかっている

A点とB点はお互いに地平線外なので因果関係がない。にもかかわらず、どちらからやってくる光も、申しあわせたように2.725Kである

で、宇宙のエネルギーの量の数字を１２０桁まで精密に調整しなければ、これは実現できない。

●2つの地点から同じ情報がもたらされる謎

もう1つの問題が「地平線問題」である。

宇宙でお互いに影響を及ぼし合うことが可能な領域を「宇宙の地平線」あるいは「事象の地平線」という。宇宙で最も速く情報を伝えるのは光だから、宇宙誕生より現在までに光が届いた範囲が宇宙の地平線となる。

こう考えたとき、宇宙の背景放射があらゆる方向から同じ強さでやってきているということは、実に不思議である。宇宙背景放射は、宇宙誕生から38万年たった宇宙の晴れ上がり当時の光だが、この時点で、地球の真北に見えるエリアと、真南に見えるエリアとは、まったく情報交換ができなかったはずである。そして、現在にいたるまで、お互いに存在も知らないはずなのだ。にもかかわらず、両者から送られてくる背景放射は申し合わせたように、同じ温度なのである。

これはまったく不思議なことで、たとえていえば、世界各国から見知らぬ人たちが集まり、はじめて一堂に会したのに、みんながまったく同じ材料で、同じ味付けの料理をつくったようなものである。こんなことはあらかじめ打ち合わせておかなければ起こりえない。

インフレーション宇宙論②

ビッグバン宇宙論では解けない謎②

●モノポールはどこに行った

現在の宇宙を支配する力は、重力、電磁気力、強い力、弱い力の4つであるが、宇宙開闢時、これらは1つの「原始の力」に統一されていたと考えられている。宇宙の進化にともない、原始の力が枝分かれし(相転移)、その力の組み合わせが、新しい性質の粒子を生み、粒子の振る舞い方を規定してきたのである。以上は『大統一理論』の考え方だが、同理論はさらに、モノポールという粒子が2回目の相転移で大量に生み出されたことも予言している。

ところで、電気の場合、プラスやマイナスの粒子が、独立して存在する。しかし、磁気の場合、必ずN極とS極とが対になって現れ、単独で存在するものは、いまだ発見されていない。マクスウェルの電磁気学の方程式が、電気と磁気に関して対称的ではないのはこのためだ。

大統一理論が予言するモノポールは、この発見されていない、N極だけ、あるい

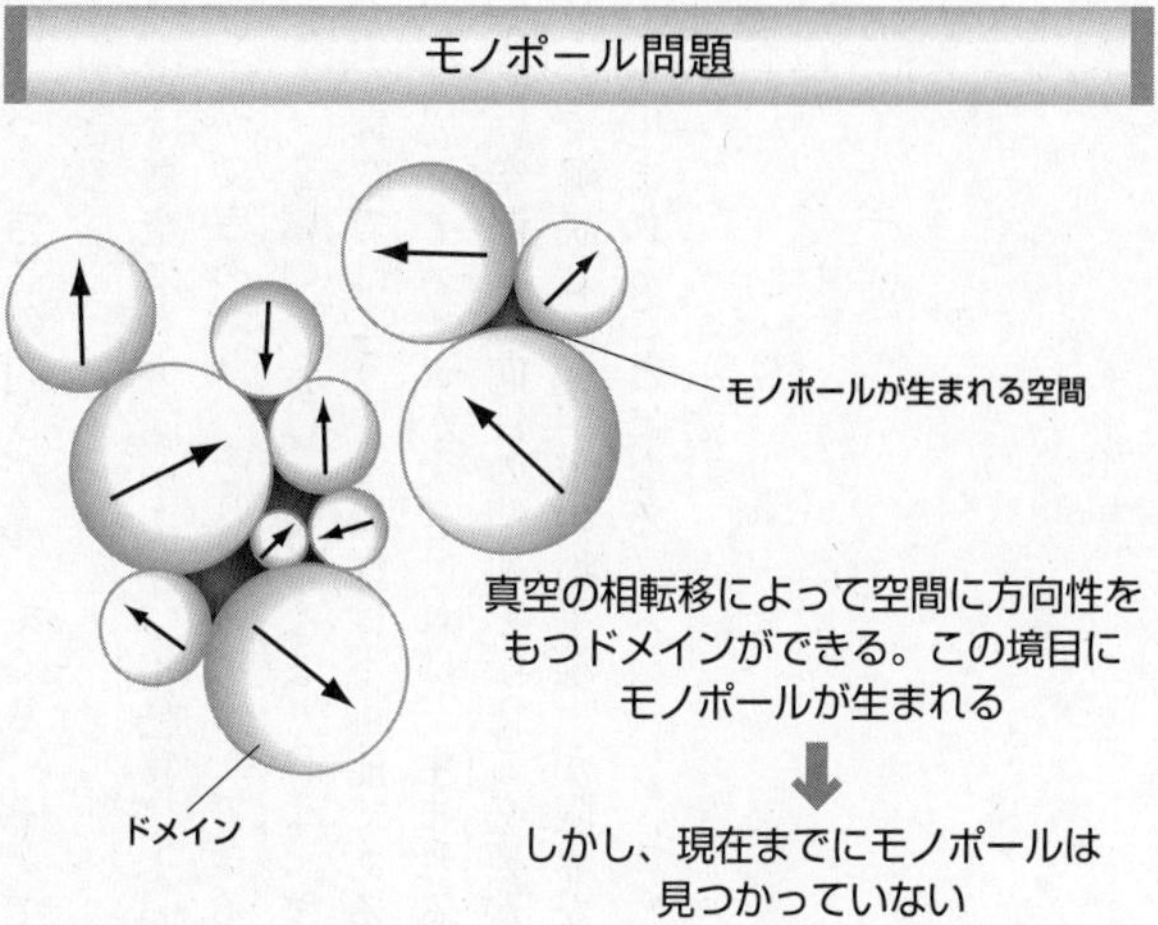

はS極だけの磁気を持つ粒子とされる。また、同理論によると生み出されたモノポールは重くて、しかも量が多い。計算すると、モノポールの質量で、ビッグバン直後の宇宙は押しつぶされてしまうことになる。

●モノポールはどのようにできるのか

真空の相転移でのモノポールのつくられ方は非常に難解なので、ここでは金属が液体から固体へ変わる相転移に置き換えて解説する。

溶けた金属を急冷すると、全体が一瞬で固まるわけでなく、ところどころで固化が始まる。固化とともに金属は結晶をつくるが、当然、場所によって結晶の向きが違ってくる。そして、向きが異なる結晶の境目に、格子欠陥ができる。

実は真空にも方向があり、相転移によってさまざまな方向性を持つ区域（ドメイン）ができあがり、それらの境目ができる。この境目にモノポールが生まれるのである。金属の場合は、焼きなましによって結晶が1つになり、格子欠陥はなくなるが、真空ではこういう操作は不可能である。

結局、ドメインが大きければ、生まれるモノポールは少なくなるが、それにはより広い空間に方向性の情報を伝える必要がある。しかし、情報の伝わる空間は258ページで解説した「宇宙の地平線」が限界なので、少なくとも地平線ごとにモノポールが生まれることになる。

インフレーション宇宙論③

様々な問題を解決したインフレーション宇宙論

●急激な膨張が宇宙の姿を変えた

初期のビッグバン宇宙論では解決できなかった平坦性問題、地平線問題、モノポール問題を一気に解決したのが、『インフレーション宇宙論』である。

22ページでも解説したように、同理論によると、インフレーションで開闢後の宇宙は10^{100}倍にも膨れあがる。すると、どうなるか。空間が途方もなく引き伸ばされるため、我々が観測できる宇宙が、ほんの狭い範囲だけになってしまうのだ。宇宙全体は実はゆがんでいるのかも知れないが、我々にはそれがわからない。だから空間は平坦に見えるのである。地球は球体だが、あまりに巨大なため、平坦に見えるのと同じである。

また、地平線を越えて因果関係がないと思われる2つの領域も、インフレーションで引き伸ばされる直前はごく近かった。当然、情報のやりとりも行われていた。これで地平線問題も解決できる。

モノポール問題についていえば、インフレーションによってドメインが引き伸ばされたと考えられる。もしかすると、我々が見ている宇宙はドメインにすっぽり含まれてしまっているかも知れない。これではモノポールは見つからないわけである。

インフレーション宇宙論は、ビッグバン宇宙論の持っていた問題点をいくつも解決し、現在、宇宙初期の標準的な理論となっている。インフレーションがビッグバンや、その後の宇宙にどういう影響を与えたかは、22〜30ページを参考にして欲しい。

●インフレーションを起こすもの

25ページでも述べたように、インフレーションは「真空のエネルギー」によって引き起こされると考えられている。では、「真空のエネルギー」はどういう性質を持つのだろう。

「真空のエネルギー」を考えあわせてアインシュタイン方程式を解くと、意外なことがわかる。「真空のエネルギー」とは、アインシュタインがややアドホックに導入し、後に自ら「一生の不覚」といった宇宙定数（243ページ参照）と、数学的に同じものだったのである。

インフレーションによる解決

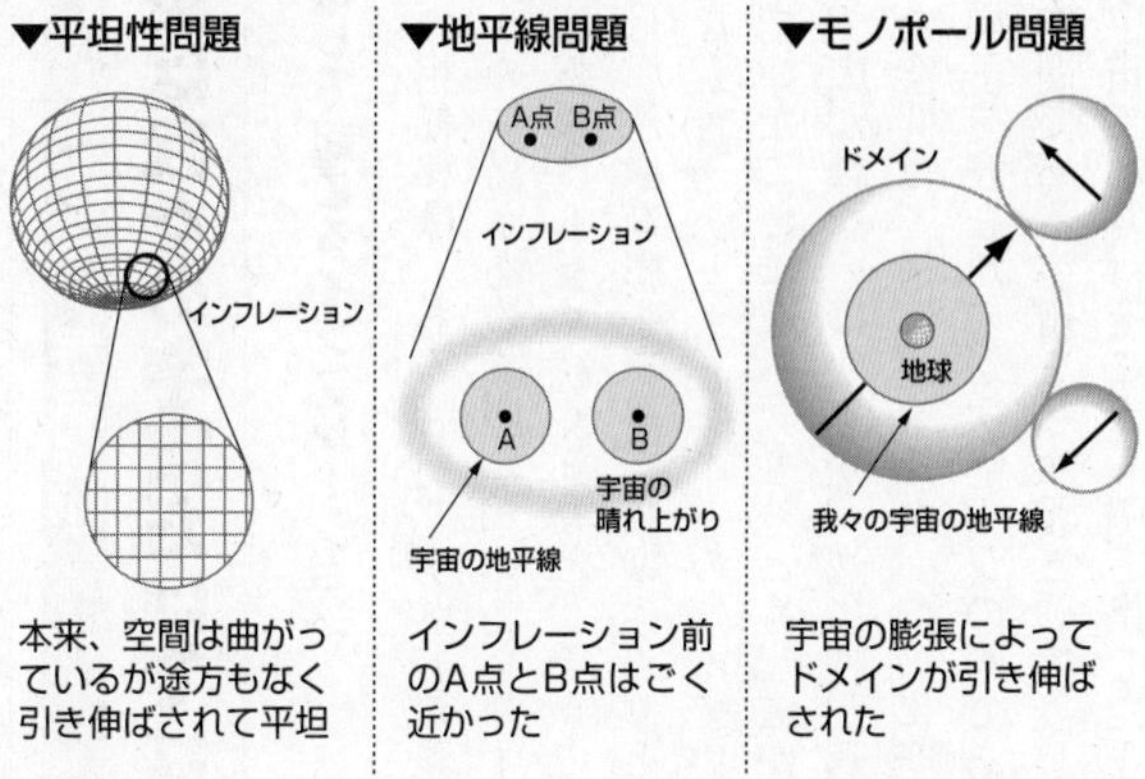

本来、空間は曲がっているが途方もなく引き伸ばされて平坦

インフレーション前のA点とB点はごく近かった

真空の相転移後、「真空のエネルギー」はゼロになっていると思われる（290ページ参照）ので、宇宙定数もゼロだと考えられるが、「真空のエネルギー」に満ちていた宇宙開闢時には、宇宙定数もプラスの値を持っていたというわけである。

インフレーション宇宙論④

宇宙は我々の宇宙だけではない

●連続して起こるインフレーション

真空の相転移は、ある瞬間、すべての場所でいっせいに終わったわけではない。鍋のなかのお湯がある瞬間に、いきなりすべて水蒸気に変わるのではないように、真空の相転移にも長く続く部分と、そうではない部分とがある。すると、開闢時の宇宙には、急激な膨張を終えてゆっくりとした膨張に転じた無数の空間があり、その隙間を、「真空のエネルギー」の残っている空間が押し広げようと、押し合いへし合いしていたことになる。もっとも、広がり続ける空間は、すでに広がった空間に阻まれ、広がれないばかりか、逆に押し返され、収縮してしまう。どこへも行けなくなった空間は、逃げ道を探し、ついに空間をねじ曲げて、新しい宇宙をつくる。

この様子を表したのが次ページの図である。イメージしやすいように、実際には3次元空間である宇宙を2次元として表しているが、中心の球体の表面がはじめにできた宇宙であり、そこから噴き出したキノコのような部分の表面が、長く膨張し

マザーユニバースとチャイルドユニバース

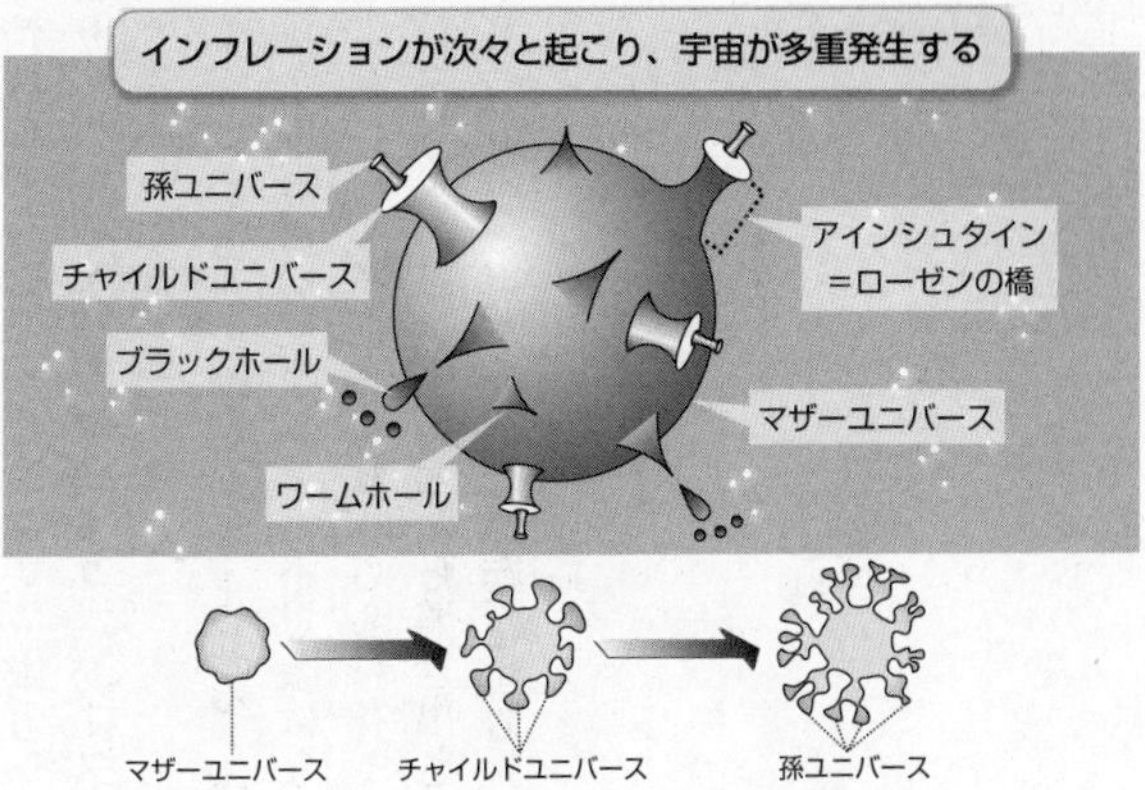

ていた空間である。また、キノコの柄《え》は押しつぶされたことでできた細い逃げ道であり、キノコのカサは、さらに広がった広大な空間を表す。

●マザーユニバースとチャイルドユニバース

これらはインフレーション宇宙論から導き出されたものだが、2つの宇宙をつなぐ、キノコの柄のような部分は、相対性理論によって予言される「アインシュタイン＝ローゼンの橋（ワームホール）」と、数学的に同じものである。そして、大本の宇宙から望むとワームホールは、ブラックホールに見える。つまり、大本の宇宙とキノコのカサの宇宙との間では、情報のやりとりができない。お互いに因果関係がない2つの空間は、別の宇宙であり、大本の宇宙をマザーユニバースと呼ぶと、噴き出した宇宙はチャイルドユニバースといえる。

このように宇宙から宇宙が生まれるとすると、相転移の終わらない部分から、次々と新しい宇宙が生まれても不思議はない。マザーユニバースからたくさんのチャイルドユニバースが生まれ、さらに孫やひ孫の宇宙が際限なく生み出される。これがインフレーション宇宙論から導き出された『宇宙の多重発生理論』である。また、いくつもの宇宙が並行して存在するという考え方はマルチバース（多宇宙）と呼ばれる。

宇宙開闢を探る①

物理学は宇宙開闢を説明できるか

●時間を遡ると「特異点」に行きつく

宇宙は1つではなく、際限なく生まれている。インフレーション宇宙論から導き出された驚くべき結論である。ただし、この理論では1つ、説明のつかない事項がある。最初の宇宙がどうやってできたのかである。

16ページでは、宇宙は「無」のゆらぎからできたと解説したが、これをさらに掘り下げてみたい。

話はビッグバン宇宙論に戻る。宇宙が膨張しているという事実を受け、それならば、過去に遡れば宇宙は1点に収縮するだろうと考えたのが、ビッグバン宇宙論の出発点だった。しかし、ここには大きな問題があった。「特異点」が生まれてしまうのである。

次ページの図は、宇宙を1次元の輪と考え、時間軸に沿って並べたものだ。これによると、宇宙の始まりはとがっており、他の部分とは違って、なめらかではない

特異点から始まった宇宙

宇宙を1次元の輪と考え時間軸に沿って並べたもの
ある時刻から因果の糸をたどり時間を遡ると最後にとがった点（特異点）となり因果がとぎれてしまう

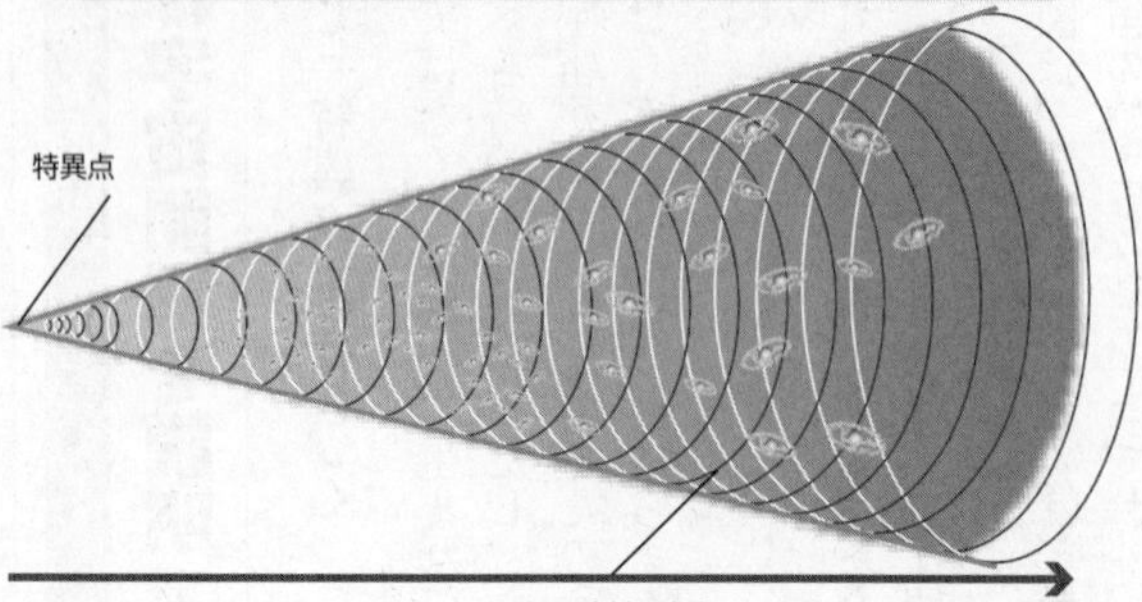

ことになる。こういった宇宙では、ある時刻の宇宙空間から因果の糸をたどり、過去に遡ることによって宇宙の歴史を知ることができるが、最後のとがった点で、その因果関係がとぎれてしまう。この点が特異点だが、これを認めると、因果がとぎれ、宇宙がどのように始まったかが物理学では解けなくなる……。

宇宙とは、そういうものだといわれるとそれまでだが、宇宙の始まりを物理学で知ろうとする人には、あっては欲しくない点なのである。

●ホーキングとペンローズの『特異点定理』

ところが1970年、車いすの理

論物理学者として有名なホーキング（1942〜）と、ペンローズ（1931〜）が、量子論効果を無視し、相対性理論のみから考えると、特異点が必ず存在することを数学的に証明してしまったのである。

ふつう物質を圧縮していくと、これにともない物質からの圧力が高まるので、1点にまで潰れてしまうことはない。ニュートンの重力理論でもそうである。ところが相対性理論によると、物質を圧縮することで、物質を構成する粒子のエネルギーが高まり、粒子の質量が増大してしまう。すると、粒子間の重力が強くなり、粒子はますます圧縮される。ある限界を超えると、この悪循環が止まらなくなり、すべてが1点に潰されてしまうのである。そして宇宙開闢時、宇宙はこの特異点であったというのだ。

宇宙開闢を探る②

虚数時間の導入で宇宙開闢が説明できる

●トンネル効果によって宇宙は生まれた

宇宙が特異点から始まったとすると、宇宙開闢を物理学で説明することはできない。ただし、ホーキングらの『特異点定理』には、「量子論は考慮しない」という前提がある。ミクロの世界を記述する物理学は量子論だから、宇宙の謎解明の望みは、まだ断たれたわけではない。17ページで解説したビレンケンの宇宙創生モデルは、まさにこの量子論から、宇宙開闢の謎に迫ったものだ。

宇宙の誕生には、「無」のゆらぎが、高いエネルギー障壁を越える必要がある。しかし「無」のゆらぎが、そのためのポテンシャルエネルギーを持つとは理論上、考えられない。なぜなら、ポテンシャルエネルギーと宇宙膨張の運動エネルギーを合わせた、宇宙全体のエネルギーの収支はゼロでなければならないからだ。ポテンシャルエネルギーがプラスになると、当然、運動エネルギーがマイナスになるが、これはあり得ない。だからビレンケンは、この山をすっと通り抜けるトンネルを考え

虚数時間では運動エネルギーがマイナスになる

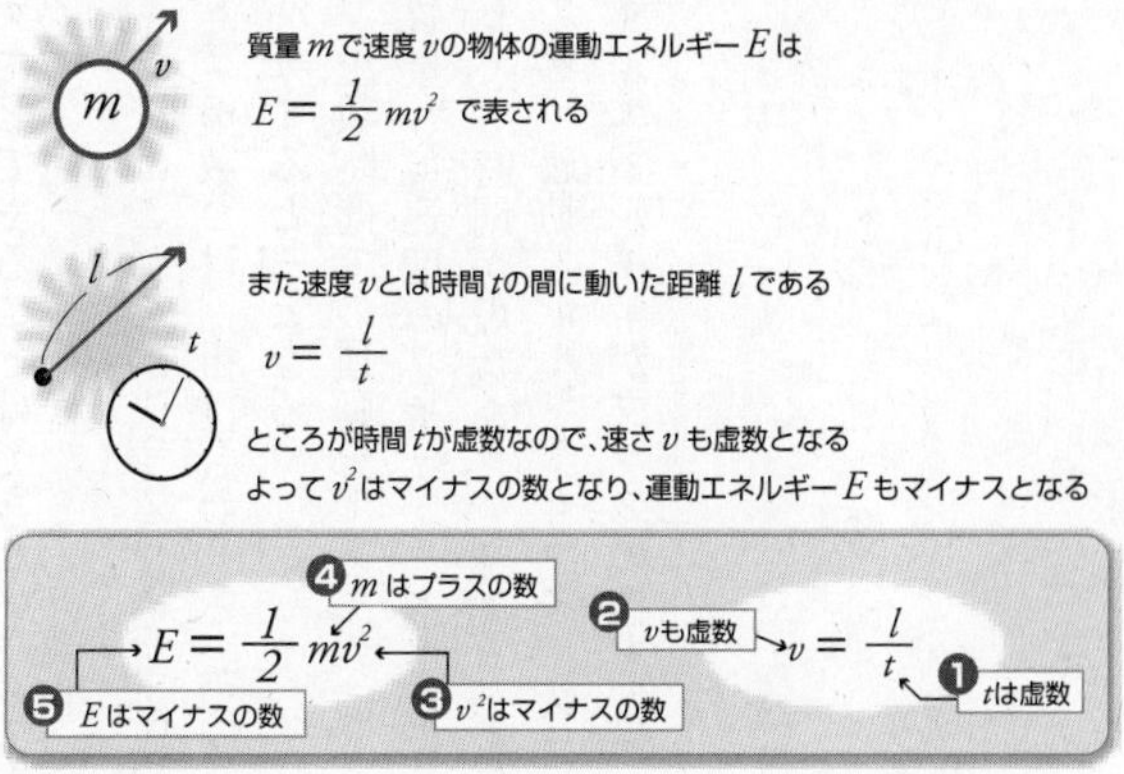

たわけだ。

●ホーキングの虚数時間説とは何か

運動エネルギーがマイナスにならない理由を説明しよう。ただし、量子重力理論は難解なので、ここでは直感的にわかるよう粒子をモデルに解説する。運動エネルギーを式で表すと「質量」×「速度の2乗」÷2となる。ところが宇宙には、負の質量は存在しない。よって「質量」は必ずプラスである。また、数を2乗したものは必ずプラスだから「速度の2乗」もプラスとなる。結局、運動エネルギーは必ずプラスであり、「無」のゆらぎのポテンシャルエネルギーをプラスにしてやることはできない。になる。しかし、これでは宇宙は生まれてこないことになる。

ホーキングはこれを解決するため、「宇宙の初期には虚数の時間が流れていた」と仮定した。虚数とは、掛け合わせるとマイナスになる数である。例えば、虚数単位のiは2乗すると−1となる。

では、虚数時間での運動を考えてみよう。先ほど書いたように、運動エネルギーとは「質量」×「速度の2乗」÷2である。また、速度とは「動いた距離」÷「時間」だ。よって、時間が虚数なら、速度も虚数になり、「速度の2乗」はマイナスになる。すると、運動エネルギーもマイナスになる。こう考えると「無」のゆらぎのポテンシャルエネルギーがプラスの値を持つことができるわけだ。

宇宙開闢を探る③

宇宙は生まれるべくして生まれた

●虚数時間での運動がトンネル効果だ

ビレンケンの説の影響を受け、これを洗練し、数学的な裏付けをしたのが、ホーキングの『虚数時間説』である。ところで、マイナスの運動エネルギーとか、虚数時間といった奇妙なものを、物理的な意味として、どうとらえたらよいのだろう。実はトンネル効果は、虚数時間でのふつうの運動だと考えることができる。そして、このとき運動エネルギーは、マイナスの値をとるのである。

虚数時間での物体の振る舞いをニュートンの「運動方程式（F=ma）」で考えると、さらに興味深いことがわかる。加速度（a）とは「動いた距離」÷「時間の2乗」で求められるが、これを虚数時間の世界にあてはめると、加速度がマイナスに働くことが導かれる。つまり、実数時間で物体は力（F）の方向に加速されるが、虚数時間では力の方向とは逆方向（力に逆らって）に加速されるのだ。

これらより、ボールが坂を転がり落ちる現象が、実数時間では自然であるように、「無」のゆらぎがポテンシャル障壁を駆け上る現象は、虚数時間ではごく自然だということになる。宇宙は生まれるべくして生まれたのである。

●虚数時間から始まれば特異点はなくなる

虚数時間から宇宙が始まったとすると、特異点をなくすることができるというのも、ホーキングらの主張である。次ページの図は各時刻の空間を1次元の輪として表したものである。従来のビッグバン理論では、宇宙の始まりの端に、とがった点ができてしまう。これが特異点である。ところが、宇宙が虚数時間から始まったとすると、ここが丸くなる。

こうすると、実数時間に入る前の時空には、時間方向と空間方向との区別がなくなる。そして、特別な点である特異点もなくなるのである。

●虚数の導入の是非をめぐって

このように虚数という数学の概念を、宇宙開闢の理論に持ち込んで説明するのが、ホーキングによる『無境界仮説』である。宇宙には特異点などという境目はないというわけだ。しかし、虚数導入は、反発も招いた。「虚数は数学上の遊び、仮想であり、現実世界とは関係ない」というわけだ。これに対してホーキングは「で

宇宙は虚数時間で始まった

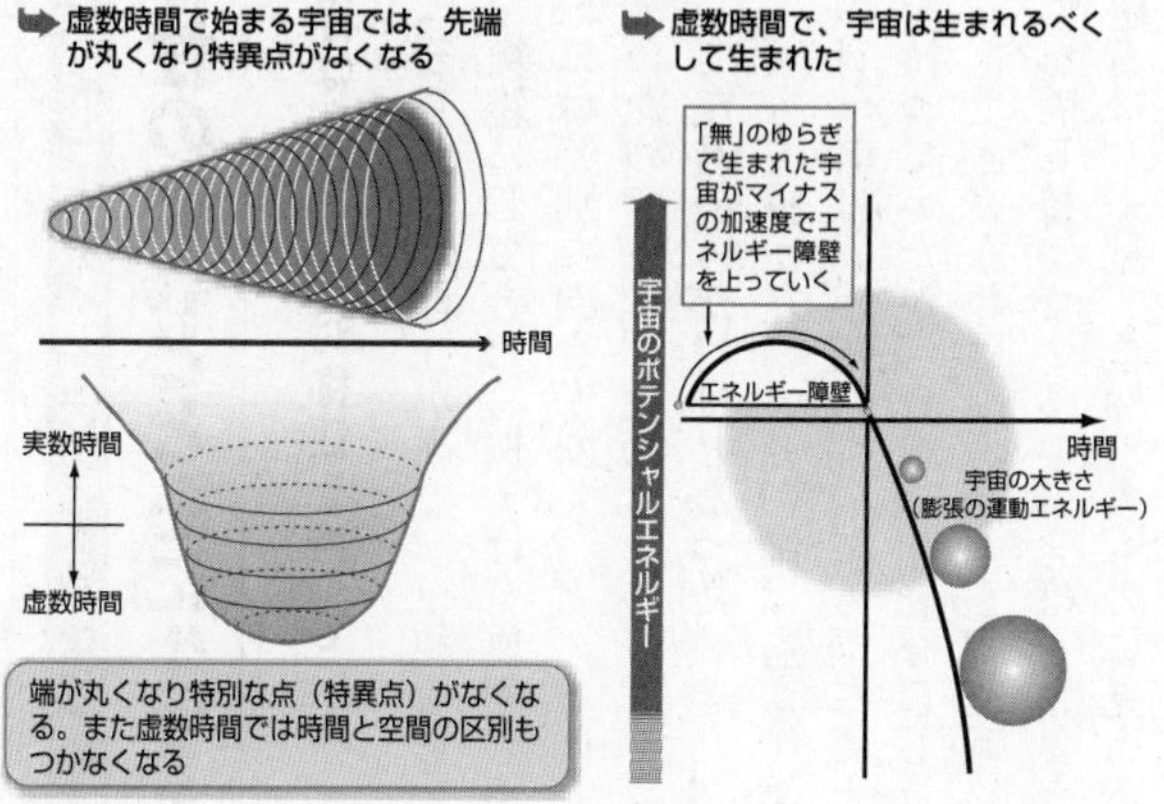

虚数時間で始まる宇宙では、先端が丸くなり特異点がなくなる

端が丸くなり特別な点（特異点）がなくなる。また虚数時間では時間と空間の区別もつかなくなる
虚数時間で、宇宙は生まれるべくして生まれた

は、いったい実在とはなんだろう。
仮想とはなんだろう。はっきり区別などつけられるのでしょうか」と、
答えている。

素粒子の世界の対称性①

対称性の破れとともに生まれた4つの力

●自然界はもともと対称性を持っていた

自然はそもそも対称性が高く、単純な形をしていたが、時の流れがこれを壊し、その姿を複雑にしてきた。例えば、原初の海に生まれた最初の生命は、ほぼ球体だった。球には特別な向きがなく、どの方向から見ても同じ形に見えるが、これは対称性が高いためである。生物はその後、クラゲのように放射対称な形になり、さらに進化して左右のみが対称となった。また、多くの高等動物の内臓は左右非対称である。人類も心臓が左にあり、肺は右が1葉多い。腸も非対称に収まっている。

多くの科学者は、宇宙についても同じだと考えている。宇宙開闢時、自然は高い対称性を持っていたが、真空の相転移にしたがって、対称性を破り、複雑な世界をつくってきたというわけだ。しかし、複雑になった自然も、よくよく見れば、もとの対称性を隠し持っている。例えば、電気と磁気である。家庭の電気と、鉄を引きつける磁石は、一見、全然別のものに見える。しかし、よくよく見れば、たいへん

真空の相転移による対称性の破れで4つに分かれた力

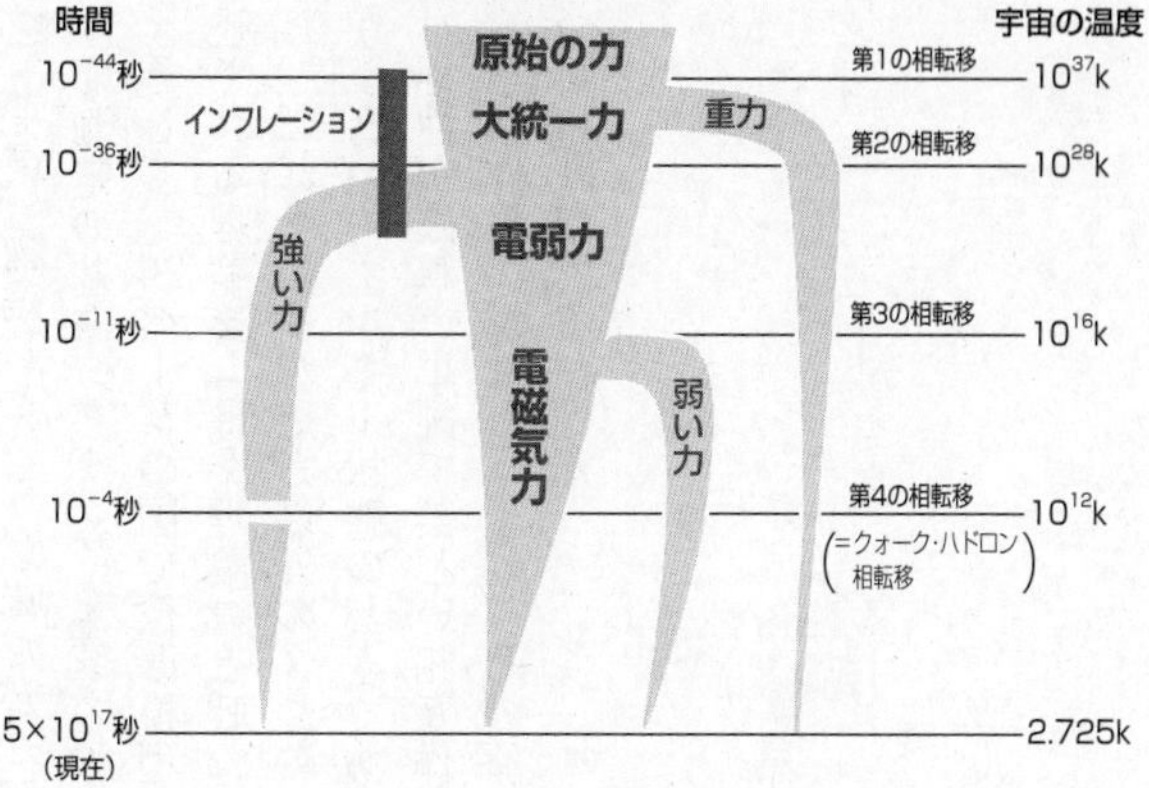

よく似ており、両者はまったく同じ方程式で表せる。違いは260ページで触れたように、磁気には単体のモノポールが見つかっていないことだけなのだ。

●『標準理論』と『ゲージ理論』

233ページで紹介した自然界の4つの力、重力、電磁気力、〝強い力〟〝弱い力〟は、まったく違って見えるが、その実、同じものであり、高い対称性を持っていると科学者は考えている。

また、重力以外の3つの相互作用は、それぞれが『ゲージ理論』(230ページで紹介した量子色力学など)』で書き表されることがわかっている。

「ゲージ」とは、物差しという意味だが、ゲージ理論で表される相互作用は、一定のルールで測定の基準（ゲージ）を変えても、物理法則が変わらないという対称性を持つ。そして、237ページの図で標準模型として紹介した粒子が、ゲージ理論によって記述される理論を『標準理論』と呼んでいる。

しかし、これら粒子が重力以外の3つの相互作用で対称性を持つのは、宇宙誕生時のような高いエネルギー状態のときであり、宇宙が低いエネルギー状態となった現在は対称性が破れ、単純で美しい相互作用ではなくなっている。もっとも、だからこそ、相互作用に個性がうまれ、その絡み合いで、いまのような宇宙、多様な自然界がつくられているわけだ。

素粒子の世界の対称性②

フェルミオンとボソンにも対称性がある

●3つの力を統一する『大統一理論』

宇宙開闢時の〝原始の力〟とはどんなものだったのだろうか。235ページで触れたように現在、電磁気力と〝弱い力〟は『ワインバーグ＝サラム理論』で統一して記述されている。〝弱い力〟は、いまは破れてしまっているが、本来、ゲージ対称性を持つ。ワインバーグらは高エネルギー状態でゲージ対称性を取り戻した〝弱い力〟の振る舞いを調べ、これと類似した振る舞いをする電磁気力とを、統一してゲージ理論で記述した。そして、最後に現実に合わせて、自発的な対称性の破れを加味した理論としたわけだ。電磁気力と〝弱い力〟は100GeV（約3000兆K）くらいのエネルギーで実現でき、同理論の正当性は実験で確かめられている。

同様の方法で考えられた〝電弱力〟と〝強い力〟を統一するゲージ理論が『大統一理論』である。しかし、こちらを実現するエネルギーは10^{16}GeV（約10^{27}K）にもなり、現在の技術では到底つくりだせない。また、大統一理論は、陽子の崩壊まで

超対称性粒子

ボソン（スピン0）		フェルミオン（スピン1/2）
Sクォーク		**クォーク**
$\tilde{u}$ Sアップクォーク	↔	u アップクォーク
$\tilde{d}$ Sダウンクォーク	↔	d ダウンクォーク
$\tilde{c}$ Sチャームクォーク	↔	c チャームクォーク
$\tilde{s}$ Sストレンジクォーク	↔	s ストレンジクォーク
$\tilde{t}$ Sトップクォーク	↔	t トップクォーク
$\tilde{b}$ Sボトムクォーク	↔	b ボトムクォーク
Sレプトン		**レプトン**
$\tilde{e}$ S電子	↔	e 電子
$\tilde{\nu}_e$ S電子ニュートリノ	↔	ν_e 電子ニュートリノ
$\tilde{\mu}$ Sミュー粒子	↔	μ ミュー粒子
$\tilde{\nu}_\mu$ Sミューニュートリノ	↔	ν_μ ミューニュートリノ
$\tilde{\tau}$ Sタウ粒子	↔	τ タウ粒子
$\tilde{\nu}_\tau$ Sタウニュートリノ	↔	ν_τ タウニュートリノ

フェルミオン（スピン1/2）		ボソン（スピン1）	
$\tilde{\gamma}$ フォティーノ	↔	γ 光子（フォトン）	
$\tilde{g}$ グルイーノ	↔	g グルーオン	
$\tilde{w}$ ウィーノ	↔	w ダブリューボソン	ウィークボソン
$\tilde{z}$ ズィーノ	↔	z ゼットボソン	ウィークボソン

フェルミオン（スピン3/2）		ボソン（スピン2）
$\tilde{G}$ グラビティーノ	↔	G グラビトン

それぞれの粒子にパートナーである超対称性粒子が存在する

□ 内が超対称性粒子

の平均寿命を10^{32}年と予言していたが、観測によると陽子の寿命は少なくても10^{33}年以上であることがわかっている。これは、ニュートリノの観測でも有名なスーパーカミオカンデ（岐阜県）で行われたものである。

●『超対称性理論』の登場

陽子の寿命が理論値より長いことなどを考慮して、大統一理論に超対称性を取り込んだ理論が『超対称性（大統一）理論』である。

〝電弱力〟と〝強い力〟を統一する大統一理論はクォークとレプトンの壁を取り払い、両者を同じように記述するが、超対称性理論では、さらにフェルミオンとボソンの壁も取り払う。具体的にいうと、すべてのフェルミオンにはパートナーとなるボソンが存在し、すべてのボソンにはパートナーとなるフェルミオンが存在するというものだ。

例えば、フェルミオンである電子やクォークには、スピンが$\frac{1}{2}$小さいボソンのパートナー、S電子やSクォークが存在する。また、ボソンである光子（フォトン）やグルーオンには、スピンが$\frac{1}{2}$小さいフェルミオンのパートナー、フォティーノやグルイーノが存在する。詳しくは前ページの図のとおりだが、超対称性はフェルミオンとボソンを入れ替えても自然法則が変わらない、美しい理論である。

ダークマターとダークエネルギー①

宇宙にある暗黒物質

●WMAPが明らかにした宇宙の姿

ペンジアスとウィルソンが発見した宇宙の背景放射（254ページ参照）は、1989年にNASA（アメリカ航空宇宙局）によって打ち上げられた宇宙探査機COBE《コービー》、さらに2001年に打ち上げられたWMAP《ダブリューマップ》の観測で、より正確に求められた。255ページの写真はWMAPが宇宙のあらゆる方向からやってくる背景放射のわずかな強弱をとらえたものだ。また、1990年に打ち上げられた、ハッブル宇宙望遠鏡は、太陽系の惑星はもとより、はるか彼方の銀河やパルサー、変光星などの姿を映し出している。

宇宙の年齢が137億年と定められたり、宇宙が平坦である（257ページ参照）ことの確認は、これらの探査機や望遠鏡の活躍の結果である。観測ではさらに、宇宙には我々に馴染みのある物質以外の何かが大量にあることや、宇宙は約70億年前に再び加速膨張を始めたことなどが突きとめられている。

銀河のなかのダークマター

銀河の内側と外側の回転速度が変わらないのはダークマターの存在が原因である

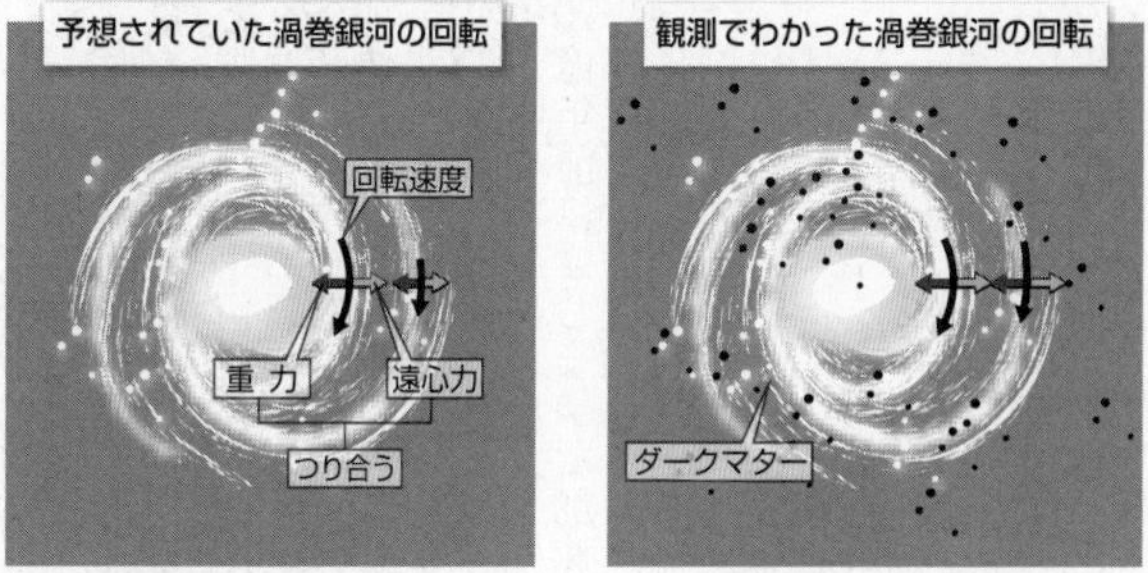

回転速度が内側の方が速い

回転速度が内側と外側であまり変わらない

●宇宙に満ちているダークマター

宇宙は我々の見なれた物質ばかりでないということは、実は１９３０年ごろからいわれていた。例えば、銀河は集まって銀河団をつくるが、星などの物質の重さだけでは、軽すぎてまとまることは難しい。見えない〝何か〟があると考える学者もいたが、当時の観測技術では、この実証はできなかった。

１９７０年代はじめ、渦巻銀河の回転の速さが内側でも外側でもあまり変わらないことがわかった。これは、銀河の中心にくらべ、物質がまばらであると思われていた銀河の外側に、〝何か〟が存在することを示すものだ。また、ＷＭＡＰは宇宙背景放射のゆらぎを明らかにし、このゆらぎが宇宙のタネになったことを証明したが、実はこのゆらぎは小さすぎる。宇宙が構造をつくるには、質量を持った見えない〝何か〟が不可欠である。こういった〝何か〟はダークマターと呼ばれ、宇宙全体の密度の26％を占めると考えられている。

では、残りの74％が我々に身近な、ふつうの物質なのだろうか。水素や炭素、鉄などといった元素からなる物質は、実は宇宙密度の４％に過ぎない。銀河の主役と思われている星は宇宙密度のわずか１％、水素などの星間ガスが３％なのである。そして、残り70％は、ダークエネルギーと呼ばれる、正体不明のエネルギーであり、これが約70億年前にはじまった加速膨張を引き起こしたと考えられている。

ダークマターとダークエネルギー②

ダークマターを探せ

●多彩なダークマターの候補たち

謎に満ちたダークマター、その正体にはさまざまな説が唱えられている。

まず考えられたのが、暗い天体である。星としての一生を終えた白色矮星や黒色矮星、中性子星、ブラックホールなど、また、惑星よりは大きいが太陽として輝くほどは大きくない褐色矮星などだ。しかし、これらはそもそもビッグバン時の元素合成によって生まれたものなので、ダークマターを説明するほどの量が存在するとは考えられない。

原始ブラックホールも候補の1つである。これは星の死によってつくられる通常のブラックホールとは違い、ビッグバンの灼熱時代に密度のムラによってできたとされる。元素合成前に生まれたものだから、ダークマターとしての資格は備えている。

260ページで紹介したモノポールや、標準模型のレプトンに含まれるニュートリノがダークマターだという可能性もある。しかし、インフレーション宇宙論によると、モノポールの量はそれほど多くなさそうだ。また、以前はダークマターの有力候補とされていたニュートリノだが、スーパーカミオカンデの観測で、質量が意外に軽いことがわかった。この重さでは、たとえダークマターであったとしても、そのうちの数%を占めるにすぎない。

●最有力候補はニュートラリーノ

現在、もっとも有力なダークマター候補はニュートラリーノという粒子である。283ページで解説したように、すべてのボソンは超対称性粒子を持つ。ニュートラリーノとは、電荷を持たない光子やゼットボソンなどの超対称性粒子、フォティーノ、ズィーノなどの総称である。まだこれらの粒子は発見されていないが、超対称性理論が正しければ、どこかに存在するはずである。多くの科学者は、それが銀河の周りのハローをつくっていると考えている。

ダークマターには、この他にアクシオンという粒子が候補に挙げられている。こちらは量子色力学に関連して予言される粒子だが、やはりまだ見つかっていない。

また、302ページで解説するブレーン宇宙論では、影の宇宙というものが考えられている。これは我々の宇宙と重なって、紙一重のところに存在する別の宇宙だが、

多彩なダークマター候補

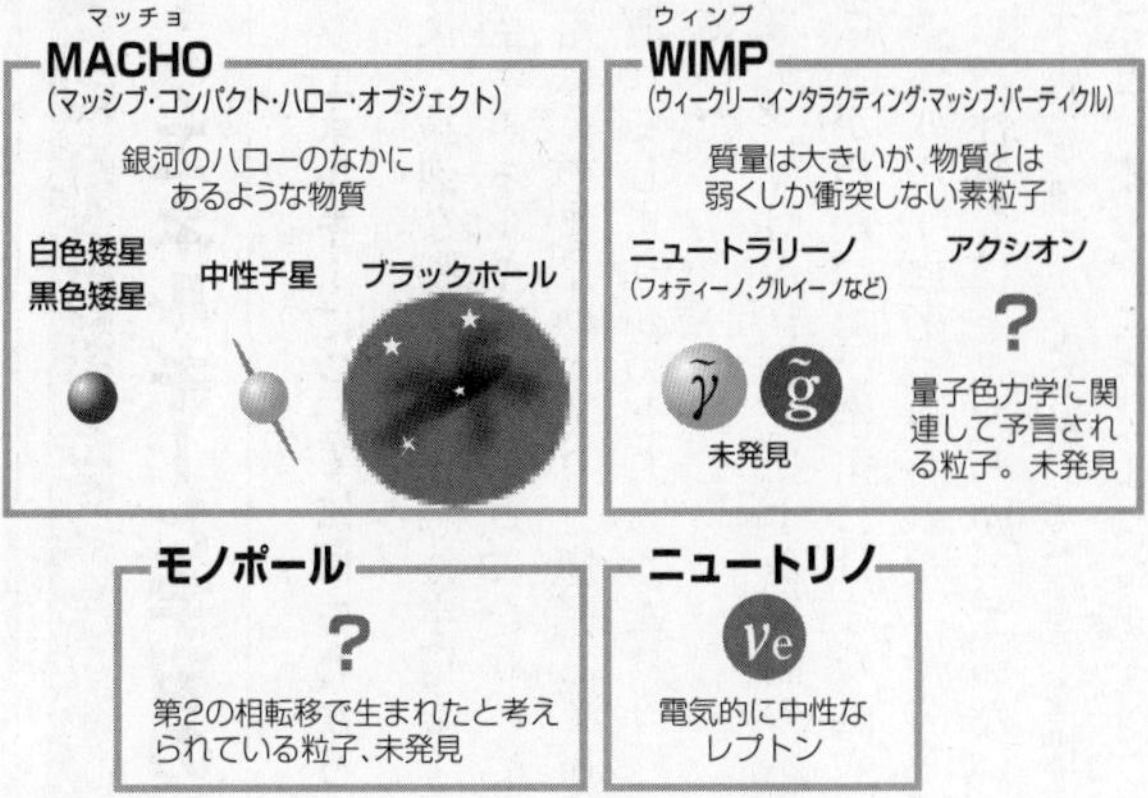

ダークマターはそこから我々の宇宙にしみ出してくる重力だとする学者もいる。

ダークマターとダークエネルギー③

ダークエネルギーと宇宙の行方

●ダークエネルギーについては何もわからない

開闢後、猛烈な膨張を起こした宇宙も、真空の相転移によって、斥力《せきりょく》のもとである「真空のエネルギー」がゼロになり、その後はゆっくりと膨張を続けている。未来の宇宙はそのままゆっくりと膨張して冷えていくか、物質の重力によって収縮に転じ、潰れてしまうかのどちらかだろう。つい最近まで、宇宙の未来はこのように語られていた。

ところが、WMAPなどによる観測の結果、現在、宇宙の膨張はますます加速していることがわかった。宇宙にはまだ謎のエネルギーがあるというわけで、これがダークエネルギーと名づけられた。その名のとおり、現在の技術では見ることはできないし、性質もほとんどわかっていない。わかっているのは、宇宙全体（物質とエネルギーは等価なので合計している）を構成するものの70％がダークエネルギーだということ。また、これによってアインシュタインが発案した宇宙定数（243ページ

再び加速膨張し始めた宇宙

70億年前に始まった宇宙の膨張は第2のインフレーションかも知れない

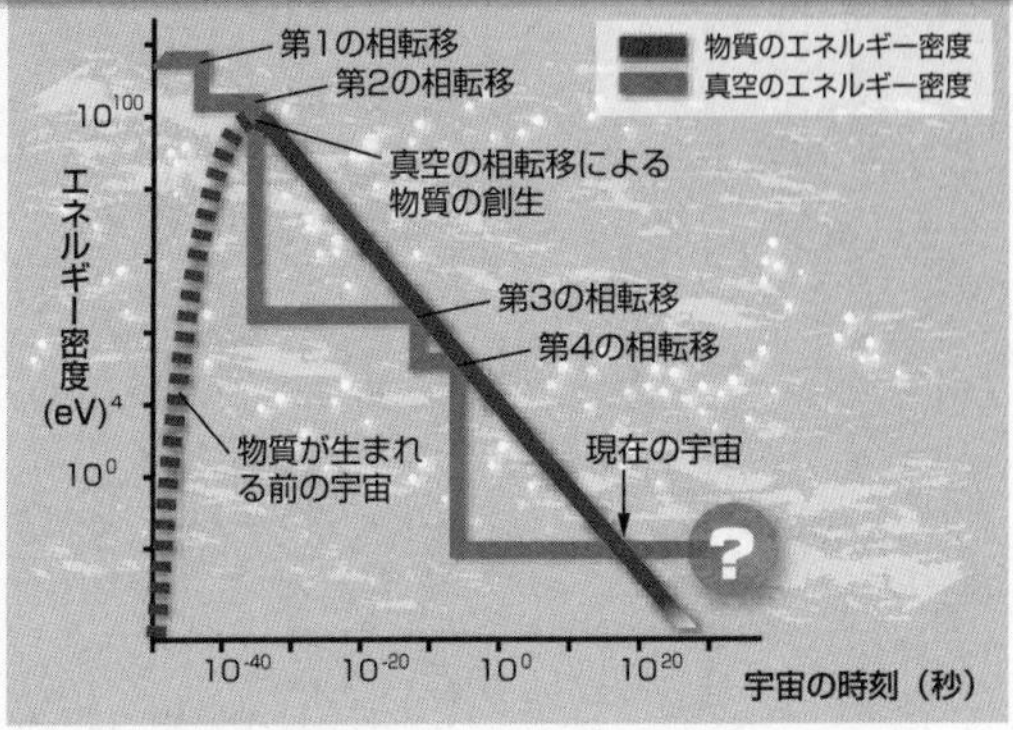

参照）が復活したことくらいである。

●ダークエネルギーは「真空のエネルギー」か？

よくわからないダークエネルギーだが、これを説明しようとする理論はいくつか上がっている。

有力なのが開闢後の宇宙にインフレーションを起こした「真空のエネルギー」が、また宇宙を膨張させているという説だ。これによると、真空にはさらに低いエネルギー状態があり、いま、まさに第5の相転移を起こそうとしているのである。

つまり、「真空のエネルギー」はゼロにはなっておらず、いまから約70

億年前に始まった宇宙の加速的膨張は「真空のエネルギー」の密度と、物質のエネルギー密度のバランスによって起こった第2のインフレーションだというのである。もしかすると5回目の相転移が起こり、4つの力がさらに枝分かれしたり、潜熱の放出で新しい物質が生まれたりして、宇宙は様変わりするかも知れない。「クインテッセンス（第5の元素）」という概念を唱える人もいる。これも数学的には宇宙定数と同じものだが、時間とともに変化していくところが、「真空のエネルギー」とは異なる。古代ギリシャ人は火、土、空気、水の次の第5元素として、月などの天体の地上への落下を防ぐ物質を考えた。宇宙を膨張させる力、クインテッセンスはここから名がとられている。

超ひも理論からM理論へ①

『ひも理論』から『超ひも理論』へ

●4つの力を統一する試み

自然界のすべての法則を1つの式で記述する——。万物理論の構築は、科学者たちの長年の夢である。実際、281ページで紹介した『大統一理論』では電磁気力、〝強い力〟〝弱い力〟の3つの力が統一され、さらに『超対称性理論』で、フェルミオンとボソンとの壁が取り除かれた。

しかし、重力に限っていえば、これらの理論では取り込めない。重力のゲージ理論による説明には、量子化が不可欠だが、このとき数値が無限大になり、意味をなさなくなってしまうのだ。これは「発散」と呼ばれ、他の力でも起きるが、「繰り込み」という数学的手法によって回避される。ところが、重力にはこれが利かない。もう1つ、重力の量子化は「異常性」という数学的な矛盾も起こす。これは理論の対称性を崩すもので、それによって理論全体が壊れてしまうのである。

●オイラーのベータ関数から生まれた理論

こういった問題を解決する有力候補が『超ひも理論』だが、この理論は意外な出自を持つ。

18世紀の数学者、オイラー（1707〜1783）の発見にベータ関数があるが、1968年、なんとこの関数によってハドロン間の〝強い力〟を記述できることが判明する。

ここから超ひも理論の前身『ひも理論』が生まれる。素粒子は実はひもであり、その振動によって姿を変えるという理論は面白く、注目を集めたが、反面、欠点も多かった。計算によると、ひも理論が成り立つには、宇宙は26次元でなければならない。さらに理論からスピン1や2のハドロンが導き出されるが、こんなものはなかった。結局、〝強い力〟については量子色力学（230ページ参照）がうまく説明したため、ひも理論は忘れ去られてしまう。

ところが1980年代に入って、ひも理論が再び息を吹き返す。ひも理論は〝強い力〟だけを説明する理論ではなく、4つの力すべてを説明する万物理論だというのだ。正体不明のスピン2の粒子はハドロンではなく、重力のゲージ粒子であるグラビトンだというわけだ。

M理論までの道のり

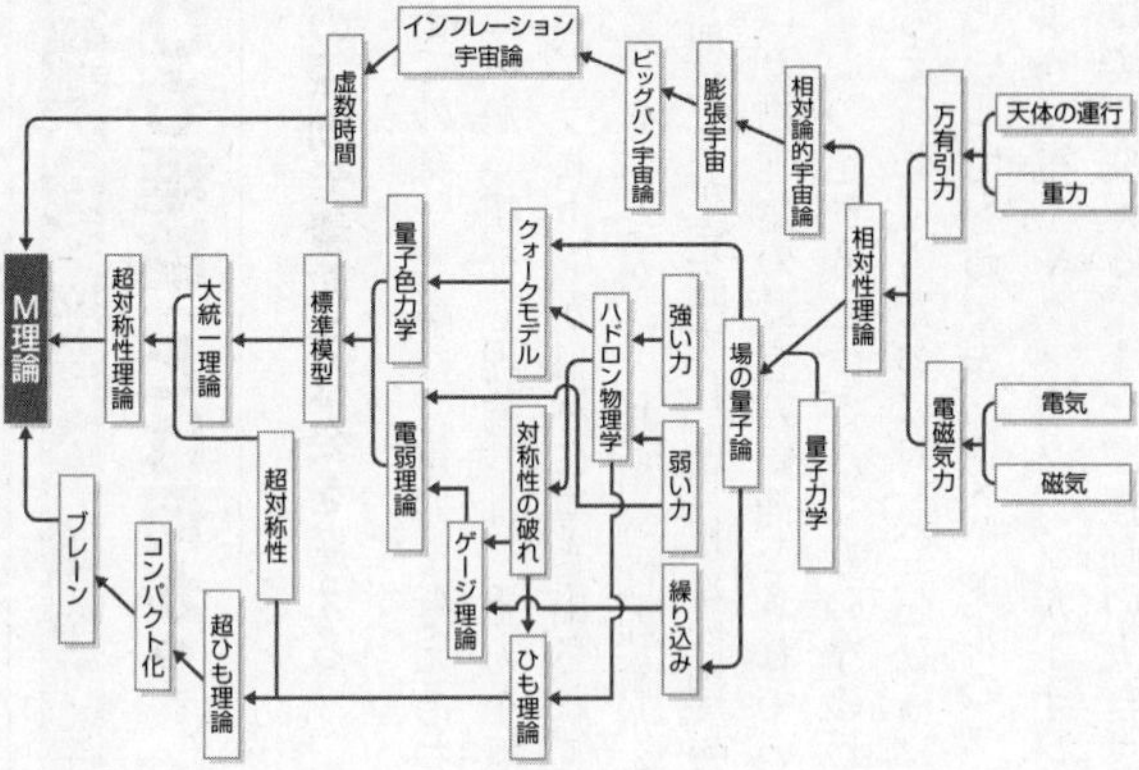

さらにこのころ、ひもにスピンを考え、超対称性をも考えあわせると、26の次元が10にまでコンパクト化（298ページ参照）されることもわかり、ひも理論は超ひも理論へと発展したのである。

超ひも理論からM理論へ②

『超ひも理論』とは何か?

●ひもの振動で素粒子は姿を変える

それまでの統一理論は、重力を考えあわせると、とたんに理論が破綻してしまった。ところが『超ひも理論』は、重力を無理にはめ込まなくても、重力のゲージ粒子であるグラビトンが自然に導き出されてくる。また、超ひも理論のさらなる検証によって、そのなかに一般相対性理論が含まれていることがわかった。つまり、『超ひも理論』が完成すれば、相対性理論は自然に導ける。こんなところから超ひも理論は万物理論の最有力候補とされているわけだ。

では、この超ひもとはどんなものなのか。素粒子はそれまで点状とされ、大きさゼロと考えられてきたのに対し、超ひもはその名のとおり〝ひも〟であり、長さがある。といってもわずか10^{-35}メートルのプランク長さである。そして、このひもの振動によって電子やクォーク、グルーオンなど、282ページの図で紹介した、あらゆる粒子に姿を変える。また、振動の大きさはすなわちエネルギーの大きさであり、

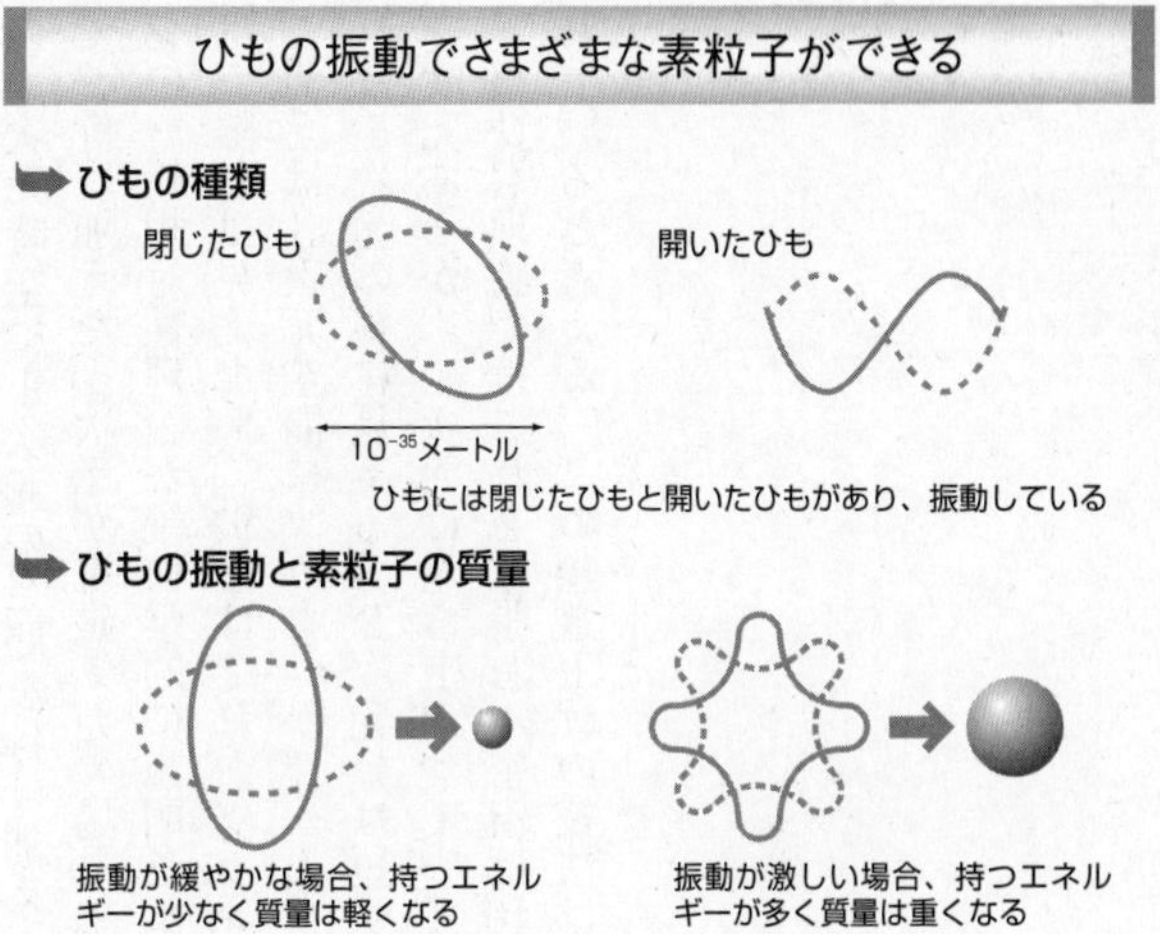

エネルギーと質量は等価だから、振動数が大きいほど、重い粒子となる。

●6次元分の空間は巻き上げられている

計算によると、超ひもの世界は10次元でなければ安定しない。このうち1次元は時間だから、空間は9次元である。しかし、我々の生活する空間は3次元であり、残りの6次元はどこにも見えない。

実はひも理論の登場より、はるか以前の1921年、カルツァ（1885～1954）とクライン（1894～1977）によって、5次元の理論が提唱されている。彼らは通常の4次元時空に1次元の空間を付け加えた。すると、通常の時空が重力の場として、付け加えた1次元が電磁気力の場としてとらえられる。これでアインシュタインの一般相対性理論が幾何学的に説明されるのである。しかし、付け加えた1次元は実際には見えない。彼らはそれがプランク長さに縮められているからだとした。例えば3次元空間にマカロニが浮かんでいるとする。しかし、遠くから見るとこれは1次元の線に見える。2次元分は短すぎて認識できないのだ。同様に、空間は4次元あるが、1次元は巻き上がっていて見えないというのが彼らの考えである。超ひも理論ではこれを拡張し、宇宙は10次元であり、うち6次元分が巻き上げられていると考える。この巻き上げの技法はコンパクト化と呼ばれる。

超ひも理論からM理論へ③

5つの超ひも理論を束ねる『M理論』

●5つの超ひも理論

重力を含んだ自然界の4つの力を統一して説明できる超ひも理論は未完成ながら、大成功を収めたように見える。しかし、その一方で大きな問題も抱えていた。

まず、超ひも理論には5つもの異なったタイプが発見されたのだ。タイプⅠ、タイプⅡA、タイプⅡBと、ヘテロ型のO（32）、ヘテロ型$E_8 \times E_8$の5つだ。そして、タイプによって、両端のある〝開いたひも〟や輪ゴムのような〝閉じたひも〟、また、ひもの振動の方向が左や右のものが登場する。

しかし、万物理論が本当に5つもあるのだろうか。多くの学者は疑問を持った。

これとは別に、超ひも理論の方程式から解が無数に導けることも学者を悩ませた。5つの超ひも理論のいずれからも解が無数に出てくるのである。この解は、ひものコンパクト化の仕方と同じ意味を持つが、数学的にはどれにも矛盾がない。しかし、これでは、そのうちのどれが我々の宇宙に相当するのかがわからない。裏を

5つの超ひも理論とM理論

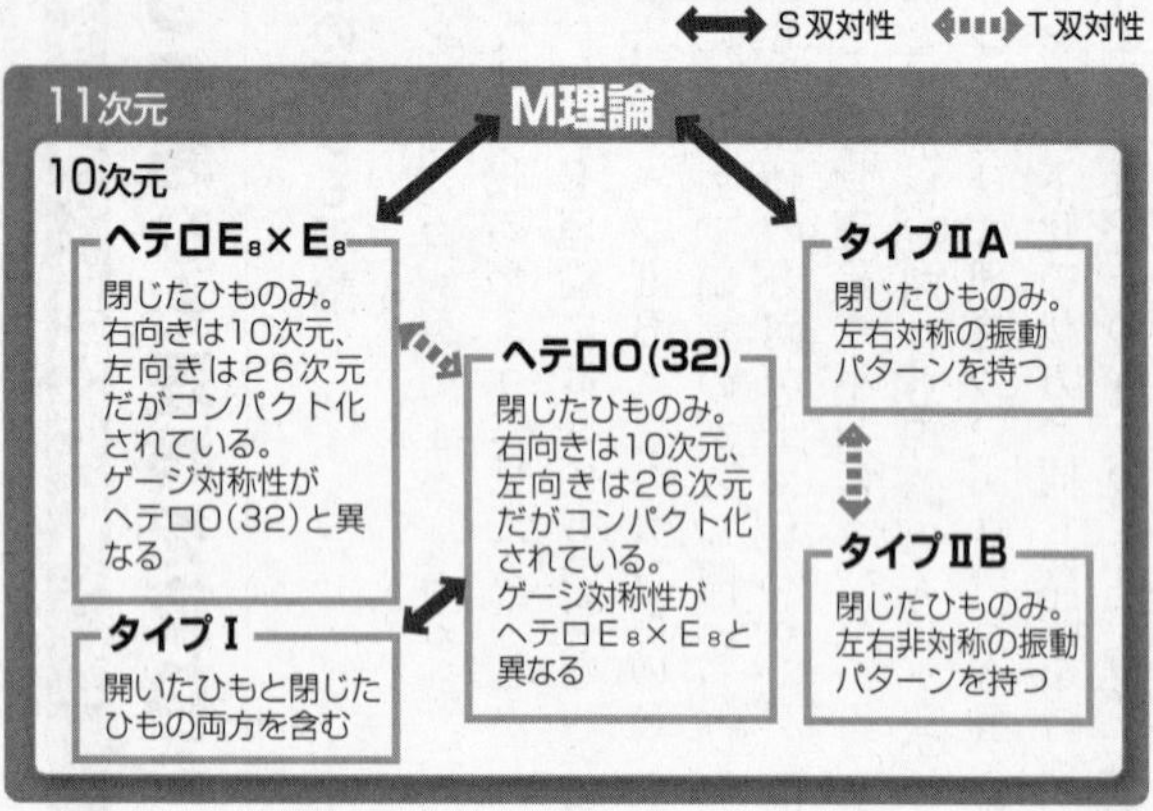
S双対性
T双対性
11次元
M理論
10次元
ヘテロ$E_8 \times E_8$
閉じたひものみ。右向きは10次元、左向きは26次元だがコンパクト化されている。ゲージ対称性がヘテロO(32)と異なる
ヘテロO(32)
閉じたひものみ。右向きは10次元、左向きは26次元だがコンパクト化されている。ゲージ対称性がヘテロ$E_8 \times E_8$と異なる
タイプⅠ
開いたひもと閉じたひもの両方を含む
タイプⅡA
閉じたひものみ。左右対称の振動パターンを持つ
タイプⅡB
閉じたひものみ。左右非対称の振動パターンを持つ

返せば、これらの解ごとに性質が異なる宇宙ができておかしくない。よって、これがマルチバース宇宙を表すのだと考える学者もいる。

●5つの理論の実体は1つだった

この混沌とした状況を破ったのがウィッテン（1951〜）である。彼はそれまでに知られていたブレーンと呼ばれる膜と超ひもとを結びつけた。

ブレーンは『超膜理論』から導かれる11次元で安定する膜であるが、ブレーンの1次元を巻き上げると、超ひも（タイプⅡA）と同じものになることを示したのである。言い換えると、ブレーンとタイプⅡAのひ

もには双対性《そうついせい》があるということになる。双対性とは一見異なる2つの理論が実は深く関連していることをいう。例えば、マクスウェル方程式で表される電気と磁気は対称性を持ち、モノポールの件を例外とすれば、お互いを入れ替えても問題がないのも双対性の一例である。

双対性はブレーンとタイプⅡAのひもの間以外にも存在し、前ページの図のように5つの超ひも理論はすべてS双対性とT双対性によってつながることが後にわかっている。

結局、5つの超ひも理論は、同じものが別の姿に見えるだけで、実体は1つだったのだ。そして、この11次元の実体が、M理論なのである。

超ひも理論からM理論へ④

M理論とブレーン宇宙

●M理論を宇宙論に適用する

M理論が正しいとすると、我々は10次元の空間と1次元の時間をあわせた時空に住んでいることになる。我々が認識できるのは上下、前後、左右の3方向だけだが、空間はさらに7方向に広がっているというわけだ。そして、我々の宇宙はこの10次元空間のなかの薄い3次元の膜、ブレーン宇宙なのである。

この考え方から、さまざまな宇宙の姿を想像することができる。例えばインフレーションで我々の宇宙は急速に膨張したが、このとき3方向だけに広がり、残りの7方向はプランク長さのままだったと予想される。また、我々の宇宙が10次元空間に浮かぶブレーン宇宙なら、すぐ隣にも同じような宇宙があってもおかしくない。299ページで解説したように、超ひもの異なるコンパクト化にしたがって生まれた、物理法則のまったく異なる宇宙が無数にあるのかも知れない。

ところで、我々の3次元ブレーン宇宙を2次元に、10次元空間を3次元に置き換

3次元空間のブレーンを2次元に置き換えた宇宙モデル

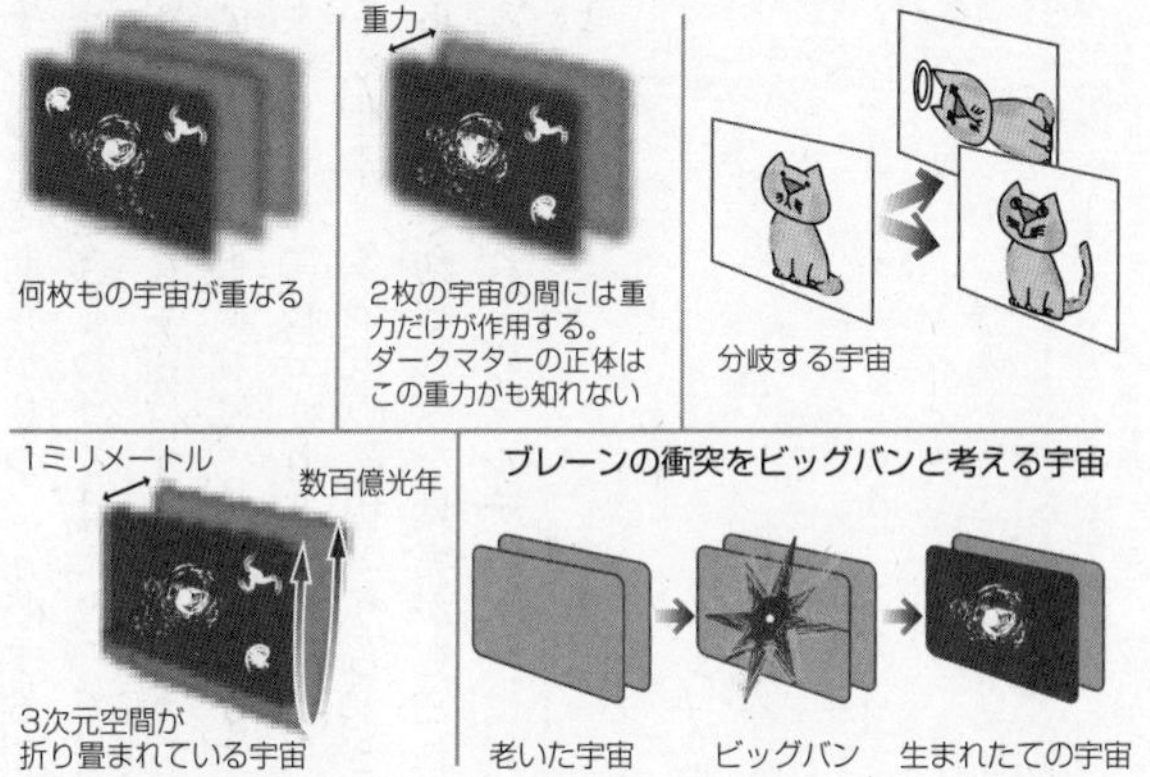

えたのが上の図だ。このモデルでは我々からわずか1ミリメートルのところに別の宇宙がある。別々の宇宙間は基本的に相互作用をしないが、重力だけはしみ出すといわれる。ダークマターの正体は、実はこれかも知れない。

●宇宙は無限に存在する

268ページで解説したインフレーションによるマルチバースや、M理論によって導かれるマルチバースなど、現在の宇宙論ではさまざまなマルチバースが考えられている。

ところで、210ページで紹介したシュレーディンガーの猫にはこんな解釈もある。猫が半死半生だということは、その時点で世界が2つに分岐することを意味する。分岐はもちろん猫の実験をしたときだけ起きるわけではないので、宇宙は無限に枝分かれしていく。この多世界解釈では可能な宇宙はすべてどこかに存在することになる。あなたが別の職業に就いている宇宙もあれば、生まれなかった宇宙もあるというわけだ。そして、あなたの未来もさらに枝分かれして、無数にあることになる。

数ある多世界、多宇宙の解釈のうち、どれが真実でどれがそうでないのかは、現在わからない。それぞれみな真実かも知れないし、どれも存在しないのかも知れない。あるいは、これらのマルチバースは見かけこそ違うが、実は同じ概念なのかも知れない。

監修者あとがき

「あなたが信心深いなら、この発見は神を目にしたようなものですよ」

これは、１９９２年に宇宙背景放射のゆらぎを発見したカリフォルニア大学バークレイ校のＧ・スムート（１９４５〜）が語った言葉である。誇張した言い方ではあるが、としながらも、彼の語ったこの言葉は、かなり科学者の顰蹙《ひんしゅく》を買ったようである。

彼はなぜこのゆらぎの発見を仰々しくも「神を目にしたようなものだ」などと言ったのであろうか？

２００６年のノーベル物理学賞には、米国ＮＡＳＡのＪ・マザー（１９４６〜）とカリフォルニア大学バークレイ校のＧ・スムート（１９４５〜）が選ばれた。１９８９年に打ち上げられたＮＡＳＡの宇宙背景放射探査機ＣＯＢＥ《コービー》による、宇宙背景放射の観測成果に対して贈られたものである。例年のことであるが、ノーベル賞の発表１週間前になると、新聞社やテレビ局から、今年のノーベル賞受賞者の予想を聞かれる。１９９６年ころより、私は宇宙論の分野でノーベル賞が出るとすれば、

G・スムートとJ・マザー等、COBEチームの研究者であろうと答えていた。それが2006年に実現したのである。

受賞者の発表後、多くの新聞からコメントを求められた。新聞で読まれた方も多くおられるであろうが、マザーは本書の254ページにもあるように、宇宙背景放射がまさに「火の玉」が放射するスペクトル通りであることを示し、宇宙がビッグバンで始まったことをさらに裏付けたのである。

1990年にこのことが公表されたとき、多くの研究者は、この発見は予想通りということで安心した。

しかし、1992年、打ち上げ後2年かけて観測を続け、また困難なデータ解析を経て発表されたG・スムートらの成果は、多くの研究者に感動をもって迎えられた。彼のチームは、宇宙背景放射の方向による強弱を観測し、きわめてわずかではあるが、10万分の1程度の強弱があることを発見したのである。256ページに示されているように、このわずかな強弱は、宇宙の物質の凸凹によるもので、宇宙の構造の種なのである。

宇宙の構造とは、大きなものでは銀河が数多く連なったようなグレイトウォールから、銀河団、銀河、そして我々人類の存在にいたるまで、多様で美しくもある現在の宇宙の姿である。スムートは、我々の存在の原因となる宇宙の構造の種を発見して、感激のあまり「神を目にしたようなものだ」と語ったのである。ニューヨークタイムズは1992年4月24日に、この発見について何面にもわたる大特集を組んでいる。そのなかでスムートは、「この発見によって研究者はインフレーション理論が正しい事を信じるようになるだろう」とも語っている。彼の発見した宇宙背景放射のゆらぎが、インフレーション理論の予言通りだったためである。COBEの観測結果により、インフレーション理論は、宇宙初期の標準的理論として確立したのである。

スムート等、COBE衛星の観測結果は2004年、COBE衛星の後継機であるWMAP《ダブリューマップ》衛星により、さらに細かく観測され、確認されている。ここに本書にも紹介されているように、インフレーションを含むビッグバンモデルは、科学者のみならず、広く世界に認められるようになったのである。

本書では、今日のパラダイムとなっているこの標準的宇宙モデルの基礎となった物理学や、宇宙進化の中でさまざまな階層の天体が形成される、その多様な姿が紹介されている。また、各項目ごとにコンパクトな文章と図版という構成なので、どうしても時間が細切れとなる忙しい方にも読みやすい入門書であると思う。

私はこのあとがきをスムートの言葉、「神を目にしたようなものだ」から始めたが、自然科学の目的は自然世界の構造・進化を明らかにし、その中での人間の位置を知ることであると思っている。本書が読者の方々それぞれの世界観、宇宙論形成に役立てて頂けるなら幸いである。

２００９年６月

佐藤勝彦

バルマー系列　196
ハロー　92
羊飼い衛星　125
ビッグクランチ　69
ビッグバン　27
ビッグバン宇宙論　242～256
ビッグフリーズ　68
ひも理論　294
標準模型　237
標準理論　280
ビレンケン　18
微惑星　54
フェルミオン　222
フォトン(光子)　283
不確定性原理　212
ブラックホール　87
プランク　184
プランク期　21
プランク定数　186
プランク長さ　19
プランクの仮説　186
プランク分布(黒体放射スペクトル)　254
フリードマン　245
ブレーン宇宙　302
プレートテクトニクス仮説　107
平坦性問題　257
β崩壊　37
ヘリウム　38
変光星　80
ペンローズ　271
ボーア　196
ボイド　73
ホイル　252
棒渦巻銀河　76
膨張宇宙モデル　245
ホーキング　271
ボソン　222
ポテンシャルエネルギー　23

【ま】
マイケルソンとモーリーの実験　155
マクスウェル　151
マザーユニバース　268
マルチバース　268, 303
無境界仮説　276
「無」のゆらぎ　17
冥王星　129
メソン　227
木星型惑星　55
モノポール　260

【や】
湯川秀樹　224
陽子　42,192
陽電子　42
４つの力　233
弱い力　233

【ら】
r(ラピッド)プロセス　51
粒子と反粒子　216
量子　186
量子論　182～217
ルメートル　246
レプトン　236
連星　79

【わ】
ワインバーグ＝サラム理論　235
惑星　78
惑星の定義　129
ワームホール(アインシュタイン＝ローゼンの橋)　267

３Ｋ放射　255
シュヴァルツシルト半径　88
シュレーディンガー　200
シュレーディンガーの猫　210
重力　171, 233
小惑星　132
真空のエネルギー　25, 264
真空の相転移　25
事象の地平線（宇宙の地平線）　88, 258
ジャイアントインパクト説　57
順行衛星　128
準惑星　130
彗星　134
スーパーカミオカンデ　283
ｓ（スロー）プロセス　48
静止宇宙モデル　242
赤色巨星　81
絶対空間と絶対時間　147
絶対静止系　151

【た】

対称性の破れ　278
太陽系　93
大赤斑　116
大統一力　234
大統一理論　281
ダウンクォーク　36
楕円銀河　75
ダークエネルギー　290
ダークマター　284～292
ダブルスリットの実験　203
地球型惑星　55
地平線問題　258
チャイルドユニバース　268
中間子　225
中性子　42, 46, 192
中性子星（パルサー）　84
超新星爆発　50
超対称性（大統一）理論　283
超ひも　296
超ひも理論　293～304
対消滅　32
対生成　32
強い力　232
定常宇宙論　252
ディラック　215
ディラック定数　214
電子　192, 197
電磁波　151, 182
電磁気学　151
電磁気力　235
電弱力　234
等価原理　172
特異点定理　270
特殊相対性原理　157
特殊相対性理論　156～170
ドップラー効果　249
ドメイン　262
ド＝ブロイ　198
トランス・ネプチュニアン　131
トリプルアルファ反応　44
トンネル効果　216

【な】

ニュートラリーノ　288
ニュートリノ　42
ニュートン　147

【は】

ハイゼンベルグ　212
媒介粒子　225
パウリの排他原理　220
白色矮星　81
波束の収縮　202
ハッブル　248
波動関数の確率解釈　202
ハドロン　36
バリオン　227
パルサー（中性子星）　84
バルジ　90

索　引

【アルファベット】
COBE　284
EKBO　93, 130
E＝mc²　170
MACHO　289
WIMP　289
WMAP　284

【あ】
アインシュタイン　156
アインシュタイン＝ローゼンの橋（ワームホール）　267
アクシオン　288
アップクォーク　36
天の川銀河　90
αβγ理論　251
α崩壊　49
アンドロメダ銀河　248
一般相対性理論　171 ～ 179
インフラトン　31
インフレーション　22
インフレーション宇宙論　257 ～ 268
ウィッテン　300
渦巻銀河　76
宇宙原理　244
宇宙定数　243
宇宙の多重発生理論　268
宇宙の大構造　40, 73
宇宙の地平線（事象の地平線）　258
宇宙の背景放射　255
宇宙の晴れ上がり　39
エーテル　154
M理論　299 ～ 304
オイラー　294
オールトの雲　93

【か】
化学進化　59
核融合　43
ガモフ　251
ガリレイ　117, 145
ガリレイの相対性原理　145
ガリレオ衛星　117
カルツァ　297
慣性系　146
慣性力　172
逆行衛星　126
局部銀河群　74
虚数時間説　272 ～ 277
クインテッセンス（第5の元素）　292
クォーク　236
クォークの閉じ込め　36, 232
クライン　297
繰り込み　293
グルーオン　232
ゲージ理論　279
原子の構造　192
原初原子　246
光子（フォトン）　283
恒星　78 ～ 83
光速度　156
光速度不変の原理　156
光電効果　188
光量子　188
光量子仮説　188
黒体放射スペクトル（プランク分布）　254
コペンハーゲン解釈　208
コンパクト化　298

【さ】
佐藤勝彦　24

監修者紹介
佐藤勝彦（さとう　かつひこ）
1945年香川県生まれ。京都大学大学院理学研究科物理学専攻博士課程修了。現在、明星大学客員教授、及び東京大学数物連携宇宙研究機構特任教授。東京大学ビッグバン宇宙国際研究センター長、日本物理学会会長を務める。理学博士。専攻は宇宙論・宇宙物理学。「インフレーション理論」をアメリカのグースと独立に提唱、国際天文学連合宇宙論委員会委員長を務めるなど、その功績は世界的に広く知られる。1989年に井上学術賞、1990年に仁科記念賞受賞。2002年に紫綬褒章受章。
著訳書に『ホーキングの最新宇宙論』（日本放送出版協会）、『ホーキング、未来を語る』（ソフトバンク クリエイティブ）、『ホーキング、宇宙のすべてを語る』（ランダムハウス講談社）、『宇宙論入門』『岩波基礎物理シリーズ９相対性理論』（以上、岩波書店）、『眠れなくなる宇宙のはなし』（宝島社）、『宇宙はわれわれの宇宙だけではなかった』『大宇宙・七つの不思議』（以上、ＰＨＰ文庫）、『アインシュタインが考えた宇宙 進化する相対性理論と最新宇宙学』（実業之日本社）など多数。

著者紹介
富永裕久（とみなが　ひろひさ）
1964年生まれ。東京理科大学卒業。サイエンスライター。
主な著書に『図解雑学 フェルマーの最終定理』『図解雑学 左と右の科学』『図解雑学 パラドクス』『図解雑学 元素』（以上、ナツメ社）、『そこが知りたい！人体の不思議』『そこが知りたい！遺伝子操作』（以上、かんき出版）、『「右と左」の不思議がわかる絵事典』（ＰＨＰ研究所）、『目からウロコの脳科学』（ＰＨＰエディターズ・グループ）などがある。

この作品は、2006年12月にＰＨＰエディターズ・グループより刊行された『目からウロコの宇宙論』を改題したものである。

PHP文庫　ここまでわかった! 宇宙の謎
銀河のしくみから超ひも理論まで

2009年7月17日　第1版第1刷
2011年6月7日　第1版第2刷

監修者　佐藤勝彦
著者　富永裕久
発行者　安藤卓
発行所　株式会社PHP研究所
東京本部　〒102-8331 千代田区一番町21
文庫出版部 ☎03-3239-6259(編集)
普及一部 ☎03-3239-6233(販売)
京都本部　〒601-8411 京都市南区西九条北ノ内町11
PHP INTERFACE　http://www.php.co.jp/
制作協力
組版　株式会社PHPエディターズ・グループ
印刷所
製本所　図書印刷株式会社

ISBN978-4-569-67281-6